스텔스 잡는 전자망전투기
유로파이터 타이푼

스텔스 잡는 전자망전투기
유로파이터 타이푼

2013년 5월 25일 초판 인쇄
2013년 5월 30일 초판 발행

편   저   김종대
발 행 인   김종대
발 행 처   **디펜스 21**
등록번호   2012년 10월 8일 제 2012-000317호
주   소   서울시 마포구 마포동 324-3 경인빌딩 4층
대표전화   02-3775-2077(대)   팩스 02-3775-2078
홈페이지   http://defence21.hani.co.kr
이 메 일   dndfocus@naver.com

ISBN 979-11-950415-0-3 03390
값 20,000원

디펜스21⁺
평화총서 1

스텔스 잡는 전자망전투기
유로파이터 타이푼

김종대 편저

디펜스21⁺

유럽 전투기 개발의 교훈과
한국 영공방위의 새로운 약속

김종대 | 디펜스21⁺ 편집장

호밀밭이 아름다운 독일 뮌헨의 EADS 본사. 2012년 5월에 필자는 군사전문가 2명과 함께 초청을 받아 EADS를 방문했다. 유로파이터 개발과정과 주요 성능에 대한 지루한 토론이 이어질 때 EADS 관계자들이 구석의 한 노인에게 몇 번이나 자문을 구하는 장면이 목격되었다. 우리 측의 까다로운 질문이 나오면 젊은 엔지니어들은 어김없이 그 노인의 의견을 듣고 답변을 했다. 회의가 끝날 무렵 필자는 "저 분이 누구시냐"고 질문하자 "바로 유로파이터의 아버지다"라는 답변이 돌아왔다.

올해 73세인 에르빈 오버마이어(Erwin Obermeier)는 냉전 이후 유럽 전투기 개발 역사의 산 증인이었다. 이후 이어진 그와의 저녁식사에서는 유럽 전투기 개발의 숨겨진 이야기를 듣는 쏠쏠한 재미가 쏟아졌다. 그는 몇 년 전 호주에서 큰 교통사고를 당해 죽음의 고비를 넘겼다. 사고 이후 "언제 죽을 지 모른다"는 생각이 들어 더 늦기 전에 자신이 겪은 전투기 개발을 책으로 쓰기로 했다는 심경도 밝혔다.

현재 국내에도 외국 무기를 소개하는 많은 책들이 쏟아져 나오고 있으나 현대 무기의 발전추세와 국제정치, 방위산업에 대한 종합적 관점을 담고 있는 책은 드문 정도가 아니라 거의 없다고 해도 과언이 아니다. 그만큼 무기에 대한 단편적 이해를 넘어 전쟁과 무기에 대한 종합적인 지식에 대한 우리의 갈증도 커졌다고 할 수 있다. 그러던 중에 에르빈 오버마이어는 빛나는 통찰력과 풍부한 지식을 가진 권위자임을 단번에 알아차릴 수 있었다. 필자는 언젠가 그의 글을 국내에 소개할 수 있기를 바란다는 당부를 전달하면서 이왕이면 유로파이터란 어떤 전투기인지 체계적으로 기술하고 싶은 의지가 솟구침을 느낄 수 있었다.

이 책은 그 당시의 작은 소망의 결실이다. 이 책을 엮으면서 우리는 기존에 별다른 의심 없이 갖고 있었던 몇 가지 고정관념이 수정되었다는 점을 밝힌다.

첫째, 이제껏 방위산업은 주로 국가를 단위로 이루어지는 정부사업이며, 국가 간 제휴와 협력은 어렵다고 인식해 왔으나, 유로파이터는 그것이 틀렸다는 점을 증언하고 있다. 과거 적대국이었던 유럽 국가들끼리 일감을 나누고 기술을 공유하면서 하나의 공동체로 통합되는 명확한 상징이 바로 유로파이터이기 때문이다. 특히 군사기술을 공유하는 국가들끼리는 신뢰와 통합의 정도가 매우 높아서 이제는 방위산업이 유럽 통합을 견인하는 접착제가 되고 있다는 점이 인상적이다. 이러한 우리의 인식을 뒷받침하는 조명진 박사의 글을 이 책에 게재할 수 있음을 기쁘게 생각한다.

이러한 유럽에서의 '나눔의 문화'는 패권국의 행태를 보이는 미국과 대조적이다. 미국은 방위산업에서 자국의 기술과 일감을 나누는 법이 없다. 오히려 자신의 기술을 후발국이 추격하지 못하도록 함으로써 기술적 우위에 집착하려는 행태를 보이는데, 이는 경제학에서 말하는 '사다리 걷어차기'에 해당된다. 그러한 패권국의 행태에 우리가 계속 종속되는 한 한국 공군이 제대로 위상을 정립하기란 불가능하다는 점을 잘 알면서도 우리는 그 굴레를 벗어나지 못해왔다. 이 점을 인정한다면 우리는 동맹국인 미국제뿐만 아니라 유럽에도 동등한 경쟁의 자격을 부여함으로써 우리의 국가이익을 증진할 수 있다는 점을 인식해야 할 것으로 보인다.

둘째, 우리는 마치 군사무기가 미리 예정된 진화의 법칙에 따라 체계적으로 발전하는 것으로 인식하는 경향이 있다. 그래서 무기체계를 '몇 세대 무기'라고 부르기도 하고 기술의 발전단계를 시각화 하는 일에 익숙해 있다. 그러나 전쟁은 이와 다르다. 지난 10년 간의 이라크, 아프간 전쟁에서 미국의 최첨단 무기체계가 과연 어떤 역할을 했나? 과연 그러한 첨단무기가 부족해서 5천명의 미군이 사망하고 1조 2000억 달러의 전비를 지출하고도 이라크와 아프간은 저 모양이 된 것인가? 오히려 전쟁은 더 원시적인 무기와 재래식 군사력의 중요성을 일깨워주었을 뿐이다. 사실 무기체계를 세대로 구분하는 것 자체가 전쟁과 무관하게 무기 장사꾼들이 의도적으로 만든 개념에 불과한 것이지, 그런 식의 '몇 세대 전쟁'이라는 구분은 그 의미를 잃고 있다. 그렇다면 국가의 전략자산이라고 할 수 있는 전투기는 무조건 세계 최고, 최첨단의 기술적 용이 만능이 아니라, 우리의 안보환경과 전투수행 교리, 재정적 여건을 종합적으로 고려한 최적화된 선택이 필요하다는 점을 일깨워 준다.

셋째, 그럼에도 불구하고 군사기술의 중요성은 강조될 수밖에 없는데, 그것은 우리가 선진 군사기술을 우리 체질에 맞게 얼마나 내재화하는가의 문제라는 점이다. 한국군은 이제껏 700여 종의 무기체계를 보유한 거대한 전시장으로 변했지만 정작 한반도 유사시나 국지분쟁에서 효과적으로 사용할 수 있는 무기체계가 과연 몇 종이나 될까? 한 때 국민의 기대를 한 몸에 받고 도입한 한국군의 주력전투기가 가동률이 60%대에 머무르고, 그나마 서해에서 긴급한 위기상황이 발생했을 때 무용지물이었다는 사실을 어떻게 이해해야 할까? 좋은 무기체계를 도입한다 한들 비상사태에서 써먹지 못하는 무기는 세금의 낭비일 뿐이다. 그런데 아직 개발도 되지 않은 무기를 오직 최첨단 기술이 적용되었다는 이유 하나만으로 도입을 결정한다면 우리 안보에 있어 무엇이 달라지는 것인가?

한국군은 향후 북한이 도발하면 체벌을 가할 수 있는 억지력과 적의 핵심 표적을 타격할 수 있는 중심타격능력을 보유해야 한다. 그러면서 동시에 기술과 일거리를 나누고 높은 수준의 협력을 이룰 수 있는 새로운 파트너를 필요로 한다. 그 기반 위에서 공군력의 발전과 한국형 무기체계의 비전도 구현할 수 있다고 보기 때문이다. 아무쪼록 독자들은 필자가 제기하는 이러한 문제의식을 바탕으로 이 책을 읽어주기를 바라며, 필자는 올해 있을 차기전투기사업에서 우리 국방 당국의 현명한 결정이 있기를 기대한다.

2013년 5월, 마포 디펜스21⁺ 편집실에서

| 차 례 |

제10장 한국의 F-X 3차 사업, 스텔스 앞세우면 실패한다

새 정부의 큰 책임 : F-X 3차 사업 최종 기종 결정

- 북한은 대륙간 탄도미사일로 전용할 수 있는 로켓 '은하3호'를 쏘아 올리고 3차 핵 실험에 성공했다.
- 중국은 시진핑이 최고 권력자로 등장했고 항공모함을 진수시키고 스텔스기를 개발하고 있다는 소식들이 전해지고 있다.
- 일본은 자민당이 자위대를 국방군으로 바꾸는 개헌이 가능한 의석을 차지하면서 우파 아베 내각이 출범했다.

이렇듯 동북아에서 북한의 위협과 불안정, 중국의 가파른 성장과 일본의 우경화, 여기에 영토 분쟁 등으로 군비 경쟁이 심해지고 있는 시점에서 한국과 미국, 중국, 일본이 모두 2013년 정권 교체가 이뤄졌거나 정권이 연장되면서 국제 정세 변화를 예고하고 있다.

2013년 새 박근혜 정부는 대한민국에서 첫 여성 대통령을 수반으로 하는 정부라는 점에서 특히 국방 외교 분야에서 강력한 리더십을 보여줄 지 관심이 쏠리고 있다. 일각에서는 한미동맹 다시 말해 미국 의존도가 심해질 것이라는 예측도 나오고 있다. 박근혜 대통령이 여성이라는 한계를 극복하기 위해서 세계 최강의 미국 이미지를 차용하려는 무의식이 강하게 작용할 것이라는 설명이다.

반대로 그러한 예측이 가능하기 때문에 미국과의 관계는 강화하더라도 다른 정부보다 국방외교를 다변화할 것이라는 예상도 있다. 아버지 박정희 전 대통령의 자주 국방 노력을 이어갈 것이라는 관측도 나온다.

유로파이터의 비행. 우리나라는 F-X 3차 사업 최종 기종 선정을 앞두고 있다.

그러한 점에서 박근혜 정부의 국방외교에서의 첫 큰 시험대는 2013년 상반기 F-X 3차 사업에서 차세대전투기 60대를 들여오기 위한 최종 기종 선정이 될 것이라고 전문가들은 예상하고 있다.

앞으로 30년 이상 한반도의 하늘 안보를 책임질 중추적 역할을 맡게 될 F-X 3차 사업의 차세대전투기는 국방력 강화라는 일차적 목적 이외에도 항공우주산업의 발전, 안보 외교의 다변화, 동북아의 군사 균형 그리고 국제 전투기 시장에서의 판도 변화를 함께 불러올 수 있다는 점에서 세계적으로 주목 받고 있다.

F-X 3차 사업은 안보 외교 확대의 중대한 전환점이 될 것이다.

F-X 3차 사업은 안보 외교 확대의 중대한 전환점

한국의 F-X 3차 사업에는 미국 록히드마틴의 F-35와 보잉의 F-15SE 그리고 EADS의 유로파이터 타이푼이 경합하고 있다.

록히드마틴의 F-35 : 개발 중인 전투기. 미국이 8개 나라와 함께 3천대 이상 생산을 목표로 개발을 시작한 전투기이지만 설계 결함 등으로 15년 이상 지났으나 아직 개발이 끝나지 않았다. 미국 회계감사국은 순조롭게 진행되더라도 2019년에나 양산이 가능할 것으로 예상하고 있다. 엔진이 하나인 전투기로 '폭격기'용으로 개발되었으나 스텔스 성능에 치중해서 미사일을 4개 밖에 실을 수 없다.

F-35A. 2019년에나 양산이 가능하다.

보잉의 F-15SE : 서류상에만 있는 전투기. 1970년대 개발된 F-15 기체를 약간 변형해서 내부에 무장이 가능하도록 하고 도료를 칠해서 스텔스 성능을 가미한 설계상에만 나와 있는 전투기이다. 시제기는 한 대도 제작되지 않고 있고 유일하게 한국에만 서류상으로 제안된 전투기이다.

유로파이터 타이푼 : 실전 검증된 전투기. 독일, 영국, 이탈리아, 스페인 4개 나라가 공동 개발한 차세대전투기로 2011년 리비아 전장에서 실전 검증된 전투기이다. 공대공과 공대지 멀티롤과 스윙롤이 가능한 유로파이터는 2012년 알래스카 연합훈련에서 최강 스텔스라는 미국의 F-22를 공중모의전에서 격추시켜 현존 최강의 전투기로 자리매김하고 있다.

전문가들은 F-X 3차 사업에 참여하고 있는 3개 기종 가운데
한국이 요구하는 성능과 조건에 맞는 전투기는 유로파이터 하나라고 얘기한다.

전문가들은 F-X 3차 사업에 참여하고 있는 3개 기종 가운데 한국이 요구하는 성능
과 조건에 맞는 전투기는 유로파이터 하나라고 얘기한다. 쌍발의 단좌 전투기로 공대
공, 공대지 임무 모두 가능하고 기술 이전에 적극적인 기종은 유로파이터뿐이다.

전투기 60대 구매에만 8조 3천억 원의 예산이 들어가고 30년 유지 보수 비용을
합하면 30조원이 넘는 국제 경쟁 입찰의 F-X 3차 사업을 이명박 정부는 2012년
1월 말 설명회를 시작해서 10개월도 안되는 2012년 10월 말에 최종 기종을 선정하
겠다면서 무리하게 빠르게 추진했다. 그래서 이명박 정부가 미국의 오바마 정부에게
개발이 끝나지 않은 F-35를 구매 약속했다는 내정설이 사실인 것처럼 여겨져 왔고,
최종 기종 결정이 2013년 상반기로 넘어오면서 희석되고는 있지만 아직도 내정설은
완전히 수그러들지 않고 있다.

에어쇼 비행하는 유로파이터

스텔스 잡는 전자망전투기 유로파이터 타이푼

공중급유 받는 유로파이터

최근 F-35의 60대 가격이 15조원을 넘을 것이라는 보도에서 알 수 있듯이 한국 군 당국의 요구조건에 맞지 않는 F-35가 아직도 F-X 3차 사업에서 탈락하지 않고 여전히 경쟁 기종으로 남아있기 때문이다("F-35 가격이 … F-X 사업 새판 짜나"〈세계일보〉 2013.01.07).

새로 들어선 박근혜 정부는 이러한 점에서 F-X 3차 사업에서의 최종 기종 결정이 국방 외교의 첫 시험대가 될 것이라는 지적이다. 미국과의 한미동맹에만 의지하려고 할 경우 무조건 미국제 전투기를 최종 기종으로 낙점할 것이고 항공우주산업 발전과 군사 외교 다변화를 꾀한다면 유럽제 전투기를 선택할 수 있다는 해석이다.

2012년 12월 19일 박근혜 새누리당 후보가 새 대통령으로 당선된 직후인 21일 미국 정부는 미국 의회에 한국에게 글로벌호크 4대를 1조 3천억 원에 팔겠다고 보고했다("미 '글로벌호크' 한국판매 의회에 통보"〈연합뉴스〉 2012.12.25). 군사 관계자들은 미국이 만약 한국의 다음 대통령에 민주당 후보가 당선 됐다면 대선 직후 바로 글로벌호크를 팔겠다는 보고를 의회에 제출하기는 어려웠을 것이라는 분석을 내놓고 있다. 미국이 박근혜 새 정부를 이명박 정부의 연장선상에 놓고 보고 있다는 해석이 가능하다는 하나의 예라는 것이다.

군 항공 전문가들은 한미동맹이 아니라면 개발 중인 F-35나 설계상의 전투기로 시제기 한 대 없는 F-15SE는 F-X 3차 사업에 경쟁 기종으로 참여할 수도 없었을 것이라고 얘기한다. 그리고 실제로 전투기의 성능과 조건으로만 본다면 한국은 F-X 3차 사업에서 실전에서 검증되고 기술 이전과 한국 내에서의 생산 그리고 한국형전투기 KF-X 보라매 사업에 투자까지 제의한 유로파이터를 선택하는 것이 당연하다는 것이다("차기 전투기사업 국외 3개사 제안서 제출"〈연합뉴스〉 2012.06.18).

한국이 유로파이터를 선택하면 북한은 물론이고 중국과 일본이 보유하고 있는 어떤 전투기보다 우수한 전투기를 보유하는 군사적 능력을 갖게 된다. 또 한국은 단순히 군사적 이득을 넘어 유로파이터를 선택하면 앞으로 미국과 중국의 힘겨루기의 장이 될 가능성이 가장 높은 한반도에서 유럽을 중재자로 내세울 수도 있게 된다. 국제 안

유로파이터는 4개국이 공동개발한 차세대전투기로 리비아 전장에서 실전 검증된 전투기다.

보 외교의 지평을 무기 구매를 통해 자연스럽게 확장할 있는 매우 소중한 기회인 것이다. 이는 결과적으로 한반도와 동북아의 안정, 나아가 세계 평화에 기여하게 될 것이 틀림없다.

그렇다면 정말로 유로파이터가 F-35나 F-15SE보다 좋은 전투기인지를 알아보자. 이를 위해서는 최강의 스텔스 전투기로 알려진 미국 F-22와의 공중전에서 유로파이터가 어떻게 승리했는지를 살펴보면 자연스럽게 알 수 있다.

▲▼ 한국이 F-X 3차 사업에서 요구하는 차기전투기는 공중지배와 폭격이 모두 가능한 멀티롤 전투기이다.

1. 전자망전투기 유로파이터, 스텔스기 F-22에 승리

전투기는 무엇보다 하늘을 우선 지배해야 한다. 전투기가 지상을 폭격하고 함정을 공격하는 일은 하늘 지배가 가능한 다음의 일이다. 전투기는 폭격기나 함재기용으로 특화되어 개발되기도 하지만 한국이 F-X 3차 사업에서 요구하는 차기전투기는 공중 지배와 폭격이 모두 가능한 멀티롤 전투기이다.

21세기 들어와 전투기는 레이더를 비롯해 송수신과 비행 제어 관련 장비가 전자화되고 무장이 뒷받침되면서 공대공과 공대지 임무가 모두 가능하게 발전된 것이다. 그리고 전자전 장치와 장비가 발전되면서 전투기는 이제 기본적으로 업그레이드 가능한 전자융합시스템의 첨단 무장체로서 항공우주산업의 선도적 역할을 하고 있다.

F-X 3차 사업에 참여하고 있는 유로파이터와 F-35, F-15SE 3개 기종 가운데 공대공과 공대지 기능이 모두 가능하고 실체가 있는 차세대전투기는 유로파이터가 유일하다. 공중을 지배하고 공대지 성능을 실전에서 검증 받은 전투기도 유로파이터뿐이다.

한국은 대치하고 있는 북한과의 상황을 고려할 때 일차적으로 공대공을 통해 하늘을 지배해야 한다. 그리고 한반도의 산악 지형을 고려해 볼 때 전투기의 폭격 기능도 상당히 중요하다. 산 배후나 지하에 엄폐되어 있는 북한 군사 기지를 파괴하기 위해서는 전투기가 직접 가서 파괴하는 것이 가장 확실하다.

유로파이터의 F-22 격추에서 드러난 스텔스기의 한계

유로파이터의 공중전 성능은 2012년 6월 알래스카에서 벌어진 레드플래그 국제공군연합훈련에서 세계 최강 전투기로 알려진 F-22 랩터와의 모의공중전에서 승리했다는 소식이 알려지면서 다시 한번 최강임을 검증 받았다(Raptors prove vulnerable in mock dogfights, August 2, 2012 DVICE, USA (http://dvice.com/archives/2012/08/

F-22는 세계 최강의 스텔스 전투기로 알려져 있다.

f-22-raptors-pr.php).

　특히 유로파이터가 F-22와의 모의공중전에서 승리했다는 소식은 한국에게 차세대 전투기로 기획된 미국의 이른바 스텔스기에 대해 자세하게 들여다볼 필요가 있음을 말해주고 있다. 거의 10조원에 이르는 천문학적인 돈을 들여 차세대 전투기 60대를 들여오는 한국의 F-X 3차 사업에 F-22의 아류라고 하는 F-35가 제안되어 있기 때문이다.

　F-22 랩터는 지난 2006년 노던 에지(Northern Edge) 훈련에서 F-15와 함께 블루포스팀을 이뤄 F-15, F-16, F/A-18, E-3 조기경보기의 레드포스팀과 모의공중전

F-22는 대당 4억 달러가 넘는다.

을 벌여 압도적으로 승리하면서 세계최강의 전투기로 불리었다. 그러나 실제 현장에서 F-22는 산소 공급장치에 이상이 발생해 조종사들이 TV 대담 프로에 나와 공개적으로 비행거부 의사를 밝히기도 했고, 또 추락 사고가 있었다는 소식은 전투기에 조금만 관심이 있는 사람들이라면 다 아는 이야기이다("최강 전투기라던 美 F-22 날지도 못하네" 〈한국일보〉 2011.08.08).

또 F-22가 2011년 리비아 작전에서 정보전달이 원활하지 못해 참가하지 못했고 지금까지 어떤 전투에도 참전한 적이 없다는 것도 다 알려진 사실이다("최강 전투기 'F-22', 리비아에 못 가는 이유?" 〈서울신문〉 2011.03.25).

이러한 문제들이 나와도 예전의 이미지에 사로잡힌 많은 사람들은 여전히 F-22를 최강의 전투기로 여기고 있었다. 실제로 거의 모든 언론들이 F-22를 최강의 스텔스 전투기로 보도해왔고 심지어 〈아이언맨〉 같은 헐리우드 영화도 최강이라는 이미지에 일조를 했다.

일본을 비롯해 호주 등이 사려고 해도 금수 품목으로 묶어 오직 미 공군만 운용하는 미지의 전투기가 바로 F-22였다. 게다가 가격도 4억 달러가 넘어 은연중에 세계 최강 경제대국인 미국의 막강한 국력을 대변하기도 했다.

그런데 레드 플래그 훈련을 통해 F-22에 대한 편견의 실체가 드러난 것이다. 모의 전투에 불과하지 않느냐는 주장도 나올 수 있다. 하지만 F-22가 최강의 전투기라는 타이틀을 얻은 것도 모의 전투 결과에서 나온 것이다. 레드 플래그 모의 전투에서 F-22는 근접 공중전에서 유로파이터 타이푼에게 졌지만 이른바 시계외 전투(Beyond Visual Range)에서는 여전히 강력한 성능을 발휘했다는 소식이다.

당시 상황을 전하는 외신을 자세히 살펴보자. 유로파이터가 왜 현존 최강의 전투기인지를 잘 설명해준다(F-22 Raptors prove vulnerable in mock dogfights, August 2, 2012 DVICE, USA).

독일 유로파이터 타이푼 조종사의 말을 빌리면 "우리는 랩터를 가볍게 요리했다"고 한다. 유로파이터를 타고 랩터를 잡고 싶다면 몇 가지 단계를 밟으면 된다.

스텝 1. F-22를 적외선으로 발견해라. 랩터는 레이더로 잡기 어려운 기종이지만 크고 뜨거운 기종이다. 타이푼은 랩터를 50km 밖에서 적외선 센서로 포착해 낼 수 있었다.

스텝 2. 가까이 접근해서 접근 상태를 유지해라. 원거리 전투에서는 탁월한 F-22에게 근접해서 싸움을 걸어라.

스텝 3. 공격을 가하며 도그파이팅이라 불리는 공중전 모드로 전환해라. (외부 연료통을 탑재하지 않으면) 매끈한 모습을 보이는 (훨씬 작고 가벼우며 따라서 추력비가 높은) 타이푼은 F-22에 비해 비행 기동성이 우수하며 가속성능도 앞서고 상승 능력에서도 앞선다.

독일 유로파이터 조종사들은 모의 공중전에서
"랩터를 가볍게 요리했다."

F-X 3차 사업에 참여하는 기종 중 공중을 지배하고 공대지 성능을 실전에서
검증받은 전투기는 유로파이터 뿐이다.

스텝4. 헬멧 장착 시현장치를 이용해라. 기술적인 문제점들로 인해 랩터는 통합 헬멧 장
착 시현장치를 갖추도록 설계되어있지 않아서 타이푼 조종사들은 랩터를 쳐다보는
것만으로도 락온을 시킬 수 있다.

여기서 주목할 것은 유로파이터가 레이더로 잡기 어렵다는 F-22를 전자망의 하
나인 적외선 추적장치로 잡아낸다는 것이다. 적외선 추적장치는 말 그대로 적외선으

로 열을 추적해 적기를 격추시키기 위한 전자전 장비의 하나이다. F-22의 큰 기체와 마찰열, 엔진 열기둥에서 방출되는 엄청난 열은 적외선 추적기에 속수무책임이 드러난 것이다.

미국 정부가 F-22를 처음에는 800여 대를 생산하기로 했다가 300대로 줄였고 그 후 다시 187대를 끝으로 단종시킨 것은 꼭 가격 때문만은 아니었던 것이다. 4억 달러가 넘는 가격은 미국도 감당하기 쉽지 않았겠지만, 실제로는 이 고가의 무기가 스텔스에 치우치면서 전자전 성능이 뒷받침되어야 하는 현대 공중전에서 그리 뛰어나지 못했던 것이다.

F-22가 이러하니, 원래 그보다 못하게 설계됐고 비행 실험에서 수많은 문제점이 드러나 개발이 30% 정도만 끝났다는 F-35가 설혹 완성되었다고 하더라도 그 성능은 어떠하겠는가? 더욱이 2013년 1월에는 F-35 해병대 모델(B형)에서 동체 균열 등 여러 결함이 드러나면서 개발이 더욱 지연되고 가격과 비용도 천문학적으로 치솟을 것이 확실시되고 있다.

〈블룸버그〉와 〈로이터통신〉은 2013년 1월 12일 미 하원에 제출된 국방부의 연례 성능 시험 보고서를 인용해 추가 동체 균열 등의 문제로 F-35B 모델의 내구성 시험이 지난해 12월 또다시 중단됐다고 전했다("차세대 전투기 F35B, 금이 '쩍쩍'… 비행금지"〈조선일보〉 2013.01.14).

이렇게 미국의 차세대전투기로 개발한 스텔기들이 심각한 문제가 일어나 개발이 지연되거나 단종되고 있는 사태를 현재 전투기 60대를 도입하는 F-X 3차 사업을 진행하고 있는 한국은 어떠한 시각으로 바라봐야 하는 것일까? 유럽과 미국의 차세대 전투기 개발 방향에 따른 유로파이터와 F-22의 차이점을 알아보고 한국이 나아갈 바를 점검해보자.

2. 유로파이터 vs. F-22

제원, 성능, 전자전 장비	유로파이터	F-22 Rapter
중량대비추력비 Thrust-to-Weight Ratio	〉1.10	〉1.10
날개탑재중량 [kg/m^2] Wing Loading	〈330	〈350
연비 Fuel Fraction	≈.30	≈.30
고고도작전성능 High Altitude Operations	〉55,000 [ft]	〉55,000[ft]
초음속 기동성 High Supersonic Maneuverability	핵심 기능	핵심 기능
고아음속 기동성	있음	있음
수퍼크루즈 성능[1]	있음	있음
최적 미사일탑재량 Optimal Missile Loadout	6M+2S	6M+2S
레이더 Radar	AESA[2] 200° 조사	AESA : 120° 조사
레이더 측면주사 (광각 탐지) Radar Side Arrays (Wide GoV)	전면 광각탐지 (Wide FoV)	없음
FLIR / IRST (Passive) Forward-Looking Infrared Radar/ Infrared Search and Tracking	있음	없음 (VLO확보 위한 과도 한 가격 상승으로 인 해 취소되었음)

1 많은 연료를 소모하는 재연소(After Burners) 없이 초음속 순항 및 기동을 하는 성능으로, 장
  거리 공격 및 미사일 회피 기동과 공중전에서의 우위를 확보하는데 필수 성능이며 열적외선 방
  출을 저감시킬 수 있어 스텔스 성능에도 도움을 준다. 현재 한국의 F-X 3차 사업에 제안된 기
  종 중 유일하게 유로파이터 타이푼만 수퍼크루즈 성능을 보유하고 있다. F-15SE와 F-35A에
  는 수퍼크루즈 성능이 없다. 참고로 다쏘사의 라팔, 사브의 그리펜 NG, 수호이 Su-35BM 등은
  모두 수퍼크루즈 성능을 갖추고 있다.
2 Block에 따라 다름. 한국에 제안할 Tranche 3 생산기종은 AESA 장착. 유럽 5개국과 사우디
  아라비아에 기인도된 (혹은 예약된) 하위버전도 업그레이드 예정.

전자지원책 (Passive) ESM : Electronic (warfare) Support Measures	있음	있음
네트워킹 능력 Networking ability	Full	현재 수신전용
생존성 확보 Survivability Concept	균형잡힌 설계[3]	VLO[4]
도입/운용비용 Cost to Procure Operative	$$	$$$$$
현재생산대수/초기생산계획대수 Production Plans	719대 계약, 생산 중	187/800여대
순수기체중량 Zero Fuel Mass	12t	20t
내부 연료 탑재량 Internal Fuel	5t	9t
요구 추력 Thrust required	40,000lb	70,000lb
날개면적 Wing Area	50m^2	78m^2

위의 조건표에서 보듯이, 유로파이터 타이푼은 전투기가 갖추어야 할 핵심 요건들에 있어서 세계 최강 전투기로 알려진 F-22 Raptor와 비슷하다. 하지만 유로파이터 타이푼은 운동역학적 고성능들이 조화를 이룬 설계, (가시광선, 적외선, 초단파 등에 대한) 차세대 멀티스펙트럼 감응 센서 그리고 쌍발의 고성능엔진을 장착함으로써 차세대전투기 시장에서 가장 잘 나가는 전투기로 자리매김하고 있다.

이에 비해 F-22는 현재 단종된 전투기가 되고 말았다. 그 가장 큰 이유는 미래의 전투기 시장을 놓고 설계 개념을 다르게 적용했고 현재 국제 전투기 시장에서 그 판가름이 났기 때문이다.

---

3 기체 전 부분의 균형잡힌 설계로 레이더, 적외선, 무선송수신파로부터의 피탐지율 최소화. 특히 전자식, 사출식 기만장치(Towed decoy) 장착.
4 Very Low Observability. 레이더 및 기타 열적외선 및 전파에 의한 피탐지율 저감 장치 확보. 스텔스의 모든 분야에서 최고의 전투기.

공중 지배 전투기 : 유로파이터 vs. F-22

냉전 당시 나토와 바르샤바 조약기구의 대립은 전투기 설계에 영향을 미치는 가장 큰 위협 요소였다. 유로파이터 타이푼과 F-22의 기원을 거슬러 올라가 보면 두 기종 모두 양보다는 질이라는 동일한 개념에 입각해 있었음을 알 수 있다. 즉 두 기종 모두 공중우세를 모든 군사적 성공의 전제조건이자 기본 성능으로 삼고 있었다.

이를 위해 두 가지 해결책이 모색되었다. 먼저 설계의 주 목적은 두 기종 모두 상당한 양의 무장을 탑재하는 데 있었다. 흥미롭게도 양쪽 모두 같은 결과에 이르렀다. 다시 말해 두 기종 모두 현대 전투기의 최적화된 무장능력으로서 6기의 중거리 AMRAAM과 2기의 적외선추적 단거리 공대공 미사일을 장착했다.

또 두 기종 모두 최대한의 추력 레벨을 확보함으로써 (속도, 고도, 급가속, 초음속 기동 등에서 우위에 설 수 있음으로 해서) 전투기의 공격력과 생존성을 확보하려고 했다. 유로파이터와 F-22 모두 아음속과 초음속 영역에서 최고의 공중 기동성을 발휘할 수 있도록 설계되었다. 두 기종 모두 중량대비추력, 날개탑재하중, 연비 등에 있어 최고의 성능을 내는 전투기들이다. 그 결과 두 기종은 공대지 작전요구에 지나치게 치중한 전투기들보다(예를 들면 라팔과 F-35) 훨씬 성능이 우수한 기체를 확보할 수 있었다.

3. 공중우세 목적을 위한 전투기 설계 방향의 차이

유로파이터의 균형 설계 vs. 스텔스 치중한 F-22

유로파이터와 F-22 두 기종 사이에는 일차적으로 공중 지배를 위한 기종이라는 면에서 많은 유사성이 있지만 핵심적인 차이가 존재한다. 바로 전투기의 생존성 확보를 위한 설계 접근 방식의 차이다.

유로파이터는 당장 일을 할 수 있는 전투기, 그러면서도 향후의 위협에 대한 대응

유로파이터는 균형 잡힌 설계를 채택하였다.

하고 새로운 테크놀로지, 비용절감 등을 위해 향후 최초에 확보한 우위성을 업그레이드 해나갈 수 있는 가능성을 염두에 둔 균형 잡힌 설계를 택했다.

이에 비해 F-22 랩터는 Very Low Observability(VLO) 설계를 채택했고, 그 결과 무장도 모두 기체 내부에 장착한다. 하지만 이러한 설계를 채택한 결과 전투기의 가용성 하락, 엄청난 중량 증가, 설계의 복잡성과 그에 따른 전투기의 수정 보완 불가능성 등 커다란 대가를 치러야만 했다.

스텔스 치중 설계로 공룡이 된 F-22

F-22 랩터가 70,000 파운드의 추력을 필요로 하고 순중량만 해도 20톤에 이르는 반면, 타이푼은 40,000 파운드의 추력과 순중량이 12톤밖에 안 된다는 사실은 매우 의미 깊게 짚고 넘어가야 할 사항이다. 동일한 연비를 확보하기 위해, 게다가 동일한 작전 성능을 얻기 위해, 9톤과 5톤의 대비를 보이는 연료 무게도 짚고 넘어가야 할 것이다. 결국 F-22는 전체 중량이 증가했고 따라서 원하는 중량대비 추력을 얻기 위해서는 늘어난 중량만큼 추력을 늘려야 하는 악순환이 이어지고 말았다.

F-22의 경우 날개 면적 역시 탑재 중량을 늘리고, 회전 성능을 확보하고 초음속에서의 기동성을 높이기 위하여 당연히 커져야만 했다. 그 결과 거대한 크기의 항공기가 되고 말았다.

이른바 스텔스로 알려진 VLO 설계로 인해 랩터는 기체 중량에서 67%, 엔진 추력에서 75%가 상승하는 결과를 맞았고 이는 F-22의 부인할 수 없는 단점이다. 이런 상황이라면, 과연 유로파이터와 랩터 사이의 차이점이 단지 VLO 하나밖에 없다고 말할 수는 없을 것이다.

타이푼의 기체 구조의 효율성, 유체역학적 유연성 그리고 설계 개념들(예를 들어 의도적으로 기체를 불안정한 상태에 두는 설계 개념)은 앞서 언급한 VLO라는 두 기종간의 차이점을 상쇄시키고 있으며 유로파이터 타이푼의 우수한 설계를 입증하고 있다.

F-22의 늘어난 기체 크기와 효율성 사이의 상관관계를 염두에 두면 전투기의 도

▲▼ F-22는 VLO 치중 설계로 인한 가격상승으로 187대 생산에 그쳤다.

입가격은 자연히 상승할 수밖에 없다. VLO 설계로 인해 발생하는 개발단계에서의 추가 비용은 고사하고 전투기의 운용주기수명에서 발생하는 비용은 미국 같은 초강대국으로서도 부담할 수 없는 단계에 이르고 말았다. 그 결과 전투기 역사가 입증하듯 도입물량이 축소되고 따라서 대당 가격은 상승하게 되었다. 숨어있던 죽음의 나사가 작동을 시작한 것이다.

결과적으로 미국은 800여 대의 Raptor를 주문하려고 예상했지만 330대로 축소한 뒤 이마저도 다시 수정하여 최종적으로 187대 만을 생산하고 말았다.

(여기서 F-35 JSF 프로그램을 생각해 볼 필요가 있다. JSF 역시 랩터가 부딪혔던 동일한 문제점들을 그대로 반복하면서 그것도 아주 초기 단계에서부터 같은 문제점들에 부딪히고 있다. 그리고 공대공, 공대지, 함재기까지의 버전을 모두 소화하기 위한 무리한 설계로 인해 개발이 한계에 부딪히면서 실전 배치는 고사하고 개발된 지 15년 이상이 지난 지금까지도 30% 만의 검증이 끝났고 언제 개발이 완료될 지는 아무도 모르는 상황이 연출된 것이다.)

균형 설계로 업그레이드하는 유로파이터

유로파이터 측과 개발에 참여한 독일, 영국, 이탈리아, 스페인 4개국은 모두 VLO 설계의 전투 효용성을 인정했지만, 그럼에도 불구하고 동시에 비용보상효과 측면에서 보잘것없는 결과를 얻고 만다는 점을 인식한 것이다. 즉, 스텔스라는 작은 성능을 추가해서 얻는 효과보다는 비용 증가, 무장 축소, 공대공 성능 저하 등 잃는 것이 더 많다는 결론에 도달했던 것이다.

그래서 유로파이터 개발 국가들은 VLO 설계를 적용할 수 있는 능력을 갖추고 있었음에도 불구하고(참조 : 독일의 람피리데 프로젝트 Lampyridae Project. 1980년대에 기획된 비밀 스텔스기 개발계획으로 현재는 니더알테크에 있는 게하르트 네우만 박물관에 소장되어있다.)[5] 균형 잡힌 설계를 택했고 몇 가지 피탐지율을 줄이는 기술들만 기체에 적

---

5 F-117보다 훨씬 효과적인 스텔스 성능을 갖춘 중형 전투기로 개발이 진행 중이었으나 알

유로파이터는 개방형 설계로 업그레이드가 쉬워졌다.

용했다. 유로파이터 측은 나날이 발전하는 테크놀로지들을 수용할 수 있는 개방형 설계와 작전 수행 및 비용 문제를 모두 해결할 수 있는 최적의 타협점을 찾아낸 것이다.

유로파이터 타이푼 트렌치1, 2는 기계식 주사 레이더, 유로젯 EJ200 엔진 그리고 13곳의 무장 장착점에 공대공 중거리 미사일 AMRAAM 6발과 2발의 단거리 미사일을 장착하고 있다. 관련기술들이 만족할 만한 성숙단계에 도달했을 때만 전략적으로 수용하면서 비용 절감 원칙을 고수하는 유로파이터는 이제 또 다른 성능 향상을 위해 달리고 있다.

수 없는 이유로 중단되었다. 개발 회사는 독일의 MBB(Messerschmitt-Blkow-Blohm) Lampyridae였다.

▲▼ 유로파이터 편대 비행. 전천후 고성능 전투기 유로파이터는 전투기 시장에서 확실한 우위를 점하고 있다.

2013년부터 공동개발국 공군에 인도가 시작되고, 또 한국에 제안되어 있는 유로파이터 타이푼 트렌치 3에는 마하4의 신형 공대공 미티어(Meteor) BVR 미사일이 장착될 예정으로 발사 실험에 성공했다("유로파이터 트렌치 3 공개"〈연합뉴스〉 2012.10.09 / "유로파이터 미티어 미사일 발사 성공"〈헤럴드경제〉 2012.12.11). 공대공 접전에서 타의 추종을 불허하는 비약적 성능 향상이 확실시 되는 미티어 미사일의 성능은 전투기 분야의 게임 룰을 바꿀 것이며 미래의 잠재적 위험에 대처할 수 있는 방향을 제시할 것이다.

여기에 광시야각을 갖춘 센서와 200도의 시야를 조사(照射)할 수 있는 AESA 레이더 Captor-E의 도움을 받아 유로파이터는 향후 적군의 대공방어를 뚫고 생존할 수 있는 뛰어난 능력을 갖출 것이다(마하 1.6의 초음속에서도 지속적인 회전율을 유지한 채 고기동성을 발휘하는 유로파이터에 이 새로운 무장과 센서까지 추가된다면 무적의 전투기가 될 것이다).

전자전시스템 발전 수용하는 유로파이터

여기서 우리는 F-22 랩터가 전면 이외에 측면까지 조사할 수 있는 레이더를 갖추고 있지 않으며 심지어 적외선탐색추적장치인 IRST(Infra-Red Search & Track)도 장착하지 않았다는 사실에 유의할 필요가 있다. 이는 전적으로 VLO 성능 확보를 위해 과도하게 상승한 기체 가격 때문에 처음 계획에 들어가 있던 이들 장치들을 제거해야 했기 때문이다. 수정 보완이 불가능한 기체를 갖고 있는 F-22는 모든 무장을 기체 내부에만 장착해야 하는데 VLO 하나를 위해 지나치게 비싼 대가를 치르고 있는 것이다.

F-22의 센서류들과 상황인식 장치들이 동급 최고의 것들이라고 한다면, 유로파이터가 새롭게 수용하는 최신 첨단 신형 센서류에 대해서는 어떤 평가를 내리는 것이 정당할 것인가? F-22의 성능을 인정하면서 유로파이터의 성능들을 함께 비교해 보자.

- 유로파이터는 최신 송수신 모듈 탑재, F-22는 1990년대 기술.

- 200도를 조사하는 유로파이터의 레이더, 120도의 F-22.

- F-22에는 없는 IRST까지 탑재하고 있는 유로파이터.

- 16 datalink[6]와 100% 데이터링크 가능한 유로파이터.

- 수신만 가능한 반쪽 데이터링크 성능의 F-22.

이렇게 최신 전자전 장비를 통해 유로파이터 타이푼은 전투 효율성에 있어 값이 두 배 이상 비싼 F-22와 어깨를 나란히 할 수 있는 전투기임을 입증하고 있다. 여기에 유로파이터는 필요한 때에 비용절감의 원칙을 지키면서 새로운 기술을 접목시킬 수 있는 능력을 통해 미래의 잠재적 위험에 대응하고 있는 것이다.

4. 현존 최강의 전자망전투기 유로파이터

동급 최고의 공기역학적 기체를 지닌 유로파이터 타이푼 트렌치 3에는 최신의 AESA 레이더가 장착되며, 강력한 마하 4의 장거리 미티어(METEOR) 미사일과 단거리 IRIS-T 미사일[7]이 탑재된다는 사실을 강조할 필요가 있다.

---

6 16 datalink(불어권에서는 리에종 16, Liaison 16)는 나토가 정한 전술정보 링크 프로토콜로 서 나토회원국의 모든 군 산하의 전술정보들은 이 프로토콜에 의해 전달되어야 한다.

7 The AIM-2000 IRIS-T(Infra Red Imaging System Tail/Thrust Vector-Controlled) is a German-led program to develop a short-range air-to-air missile to replace the venerable AIM-9 Sidewinder found in some of the NATO member countries. Any aircraft capable of carrying and firing Sidewinder is also capable of launching IRIS-T. (참고, 위키백과 한글판 IRIS-T에 대한 설명. IRIS-T는 독일이 주도적으로 개발한 단거리 공 대공 미사일이다. Luftwaffe는 2005년 12월 5일 최초로 미사일을 인수했다. 사이드와인더 미 사일을 대체하기 위해 개발되었으며, 사이드와인더를 장착할 수 있는 어떤 비행기도 IRIS-T 미사일을 사용할 수 있다. 1980년대에 나토는 미국과 양해각서를 교환했다. 미국은 중거리 공 대공 미사일을 개발하고, 영국과 독일은 단거리 공대공 미사일을 개발하여 사이드와인더 미사 일을 대체한다는 것이었다. 이에 따라 미국은 암람 중거리 공대공 미사일을 개발했으며, 독일 과 영국은 ASRAAM 단거리 공대공 미사일을 개발했다. 1990년에 독일이 통일되었다. 통일독

여기에 덧붙여, 공중우세를 요구하는 기본 설계에 충실한 모든 전투기들과 마찬가지로, 유로파이터 역시 공대지 무장 능력과 공대지 센서류의 성능을 지속적으로 확장해 나가고 있다는 점을 밝혀두어야 할 것이다. 또 운동역학적 고성능, 최신의 차세대 멀티스펙트럼 센서류 채택, 놀라운 무장능력 등의 균형 잡힌 조화를 통해 타이푼은 현존하는 어떤 전투기들보다 전투기 시장에서 확실한 우위를 점하고 있다.

2012년 12월, 중동국가 오만은 유로파이터 12대를 계약했다("오만, 유로파이터 12대 주문"〈아시아뉴스통신〉 2012.12.21). 아랍에미리트연합도 유로파이터를 60대 구입하는 것이 확실한 것으로 알려지고 있으며 다른 여러 나라들도 유로파이터 구입을 검토하고 있다.

2013년 1월 현재 유럽과 중동 6개 나라에서 운용되고 있는 유로파이터는 그 운용 국가 수가 늘어갈수록 성능은 좋아지고 값은 저렴해지게 될 것이다. 이는 한국에게 매우 좋은 기회임에 틀림없다. 동북아시아에서 일본이 스텔스기라는 F-35를 도입하고 중국과 러시아도 스텔스기를 개발하고 있다. 하지만 이러한 동북아시아 여러 나라가 보유 예정이거나 개발 예정인 스텔스기는 한계를 가진 '폭격기'에 지나지 않으며 공중을 지배하기 어렵다는 것이 많은 군사 전문가들의 견해다.

앞으로의 전장은, 특히 하늘 전장은 공중조기경보기와 위성들이 촘촘히 배치되어

일은 동독의 미그-29 전투기에 장착되어 있던 빔펠 R-73(AA-11 아처) 단거리 공대공 미사일을 대량으로 보유하게 되었다. 성능을 시험해 보니, 알려진 것보다 훨씬 뛰어났다. 특히, 사이드와인더 보다 훨씬 기동성이 좋으며, 시커의 추적 능력이 뛰어났다. 이러한 결과로, 독일은 영국이 책임이 있는 아스람의 외형 설계에 대해 불만을 제기했다. 특히 thrust vectoring은 근접전의 고도의 기동에서 매우 필요한 것이었는데, 아스람에는 없었고 아처에는 이 기능이 있었다. 그러나 영국과 독일은 합의에 이르지 못했고, 결국 1990년에, 영국은 다른 시커와 아스람 개량형 개발을 모색하고 있는 도중에, 독일은 아스람에서 철수한다. 1990년대 후반에, 미국도 사이드와인더에 대해 비슷한 문제제기를 하였으며, 더욱더 고기동성을 확보할 것을 요구했다. 또한 적외선 기만기에 대한 대응능력도 높일 것을 요구했다. 이 프로그램을 AIM-9X라고 한다. IRIS-T는 높은 ECM 대항능력, 목표물 식별능력, 플래어 극복능력, 고도의 근접전 능력 (60g, 60°/s)을 갖고 있다. 사이드와인더 AIM-9L 미사일 보다 5~8배 더 사거리가 긴 해드온 발사능력을 갖고 있으며, 미사일을 발사한 전투기가 목표물을 가린 경우에도 잘 요격할 수 있다. 1995년에 독일은 IRIS-T 개발 프로그램을 발표했다. 그리스, 이탈리아, 스웨덴, 노르웨이, 캐나다가 개발에 참여했다. 캐나다는 나중에 탈퇴했다. 2003년에 스페인이 획득을 위한 파트너로 참여했다.

있는 상황에서 스텔스기는 더욱 한계를 가질 것이며 특히 공중지배에서는 지금도 별 쓸모가 없음을 유로파이터가 2012년 알래스카 레드플래그 국제공군연합훈련에서 여실히 보여주었다.

스텔스기의 한계는 여러 나라들이 무인전투기 개발에 박차를 가하고 있는 현실에서도 여실히 드러난다. 또 공중조기경보기 등 각종 레이다에 잡히는 스텔스기를 엄청난 돈을 들여 개발해서 역시 엄청난 돈을 들여 키워낸 조종사를 태우고 목숨을 걸고 적진에 폭격을 하러 가는 것은 현대 전장에서 한마디로 채산성이 맞지 않는 것이다. 머지않아 전투기의 폭격 기능은 훨씬 값싸고 조종사의 목숨이 걸려 있지 않은 무인전투기가 대체하게 될 것이다.

그러나 하늘의 지배는 무인전투기가 아니라 유인전투기가 맡을 것이라는 것이 군사전문가들의 견해다. 그러한 유인전투기의 마지막 버전이 바로 업그레이드 가능한 전자융합전투기 유로파이터 타이푼이다.

유로파이터 타이푼, 바로 "Nothing Comes Close, 무엇도 견줄 수 없는 전투기"이고 그렇게 진화하고 있다.

제 2장
전자망전투기
유로파이터 타이푼의 시대적 의미

유럽의 자존심, 유로파이터 타이푼

세계사는 전쟁의 역사이며, 전쟁사는 무기 발달과 그 궤를 같이 한다. 또 무기 발달사는 그 자체로 기술의 발달사이며 이는 경제사의 핵심을 차지한다. 무기는 그것이 어떤 것이든 적을 무찌르는 일차적 기능 외에 전쟁을 억지하는 역설적 기능을 갖고 있으며, 나아가 첨단 기술의 개발과 응용 그리고 관련 산업을 선도하는 순기능을 발휘한다. 유럽이 미국의 패권적 자본주의에 맞서서 첨단 전투기 유로파이터를 개발 생산해야만 했던 이유이다.

유럽은 제2차 세계 대전 이후 북대서양 조약기구(NATO)를 근간으로 하는 집단방위정책을 채택하면서 구 소련을 중심으로 하는 바르샤바 조약군과 맞서는 서방 진영의 군사력에서 미국 등과 함께 중요한 한 축을 담당했다.

그러나 서방 진영의 집단방위정책은 냉전이 종식되기 이전부터 유럽에 심각한 경제, 산업적 문제를 불러일으켰다. 막강한 경제력과 군사력을 갖춘 미국의 외교, 국방 및 경제 정책은 갈수록 유럽을 압박하기 시작했고, 유럽 각국은 미국의 자본주의와 패권주의가 가해 오는 유형무형의 압력에 맞설 수 있는 힘의 필요성을 절감했다. 프랑스가 가장 먼저 이에 반발했던 국가다.

유럽연합이 탄생하기까지 걸린 반세기 가까운 오랜 시간 동안, 유럽 각국은 국제정치의 판도 변화와 점증되는 미국의 시장 잠식과 압력에 대한 인식 하에서 마침내 유로파이터 타이푼이라는 '유럽의 전투기(Fighter of Europe),' 즉 유럽연합의 전투기를 자체 생산해야 한다는 인식을 공유하게 된 것이다.

유로파이터 타이푼에 앞서 유럽은 토네이도 전폭기를 공동 생산했고 베를린 장벽

유럽 국방·경제의 견인기 유로파이터

▲ 영국 와튼에 있는 유로파이터 생산 공장
▼ 6개국 유로파이터. 유로파이터는 국가간 협력과 상생의 결정체다.

유럽 국가들이 공동생산한 토네이도 전폭기

의 붕괴 이후 새롭게 짜여질 국제 정세에 맞는 후속 전투기로 유로파이터 타이푼을 공동 개발한 것이다.

유로파이터 타이푼은 독일, 영국, 스페인, 이탈리아 등 4개국이 공동으로 개발, 생산한 전투기로서 현재 700대가 넘는 주문량을 확보하고 있으며 350여대가 실전에 배치되어 운용 중이다. 리비아 전에도 참전하여 98% 임무 완수율을 보이며 완벽한 공대지 성능을 발휘했다.

유로파이터 타이푼은 원래 프랑스까지 참여한 유럽 공통 전투기로 개발이 추진되었으나 프랑스는 자국의 앞선 항공우주 기술력의 대가를 원했고 이를 관철시키기 위해 엔진과 함재기까지 포함된 기종 설계에서 주도권과 함께 그에 상응하는 지분을 요구했다. 오랜 시간 협상을 했지만 결국 프랑스는 탈퇴했고 독자적으로 전투기 라팔 (Rafale)을 개발했다.

프랑스는 유럽 공동 전투기 개발에는 탈퇴했지만 개발 방향은 그대로 가지고 갔다. 그래서 유로파이터와 라팔 두 기종을 비교하면 기체 형상도 착각을 할 정도로 유

프랑스 전투기 라팔 역시 균형 잡힌 설계를 채택했다.

사하며 성능도 거의 우열을 가릴 수 없을 정도이다. 또한 무장 조합도 100% 호환성을 갖고 있다.

균형 잡힌 설계

유로파이터와 라팔, 두 기종의 유사성에서 눈 여겨 보아야 할 점은, 첫째로 프랑스의 라팔과 유럽 4개국 컨소시엄의 유로파이터 타이푼, 이들 두 기종 모두 스텔스 성능 대신 '균형 잡힌 설계'를 채택했다는 점이다. 그 결과가 '스윙-롤(swing-role)' 개념의 유로파이터 타이푼이며, '옴니-롤(omni-role)' 개념의 라팔이다.

둘째, 두 기종 모두 개방형 설계를 채택하여 향후의 성능개량이 용이한 설계개념을 채택했다는 점이다. 유로파이터 타이푼과 라팔의 이 두 가지 공통점은 전투기 개발사에서 귀중한 교훈으로 자리매김하며 여러 나라의 무기개발에 참고가 되고 있다.

항공모함에서 이함하는 프랑스의 라팔. 프랑스도 유럽 공통 전투기 개발에 참여했었다.

유로파이터와 라팔 모두 개방형 설계를 채택하여 향후의 성능개량이 용이해졌다.

유럽 항공우주산업의 꽃

전투기는 흔히 말하듯이 항공우주산업의 꽃이다.

전투기에는 오히려 위성 발사체인 로켓보다 더 많은 항공 관련 기술과 지식이 동원된다. 전투기 개발에는 거의 모든 첨단 기술이 개발, 응용되며 이렇게 개발된 지식과 기술은 전 산업 영역으로 파급되면서 이른바 스핀오프(spin-off) 효과를 일으킨다. 소재와 설계, 전자, 무장 통합에 관련된 지식과 기술 및 제조와 생산 노하우는 오랜 시간을 요구하며 한 국가 혹은 한 공동체가 지닌 모든 역량이 총동원되는 영역인 것이다. 유로파이터 타이푼의 개발과 생산은 단지 전투기 한 기종에 관련된 문제가 아닌 것이다.

전투기는 무기이지만 동시에 상품이다. 전투기의 이 두 가지 특징은 성능과 가격 사이에서 타협점을 찾아야만 현실적인 전투기로서 구현될 수 있다는 뜻이다. 지나치게 어느 한 쪽에 치중된 전투기는, 예를 들면 대당 4억 달러가 넘는 F-22의 경우가 일러주듯이, 좋은 무기이지만 지나치게 비싸면 운용될 수 없을 것이며, 반대의 경우에도 F-16처럼 값은 싸지만 작전 운용에 제한을 받을 수밖에 없다.

유로파이터 타이푼과 라팔 개발자들은 자체 전투기 개발에 착수하기 전에 오랜 시간 미국 전투기들을 연구했으며 아울러 미래의 전장 환경과 테크놀로지의 개발 추이를 예상해야만 했다. 미국 역시 유럽과 마찬가지로 거의 같은 시기에 차기 전투기를 개발하고 있었고, 시장 조사를 비롯해 전투기 개발 현황과 기술 수준에 이르기까지 정보를 수집했다.

유럽 vs. 미국 : 차세대전투기 개발 경쟁

1980년대 냉전이 끝나고 차세대 전투기 개발에 대해 서로 첩보전을 전개한 유럽과 미국이었지만 개발 방향은 전혀 달랐다. 미국이 스텔스 기능에 치중을 해서 F-22와 F-35를 개발한 반면에 유럽 4개국과 프랑스는 스텔스와 무장이 조화된 균형 잡힌 전

스텔스 기능에 치중해 개발 중인 F-35

투기 유로파이터와 라팔을 개발했다.

지금까지 미국과 유럽의 차세대 전투기 개발에 대한 결과는 유럽의 완승이다. 미국의 F-22는 애초 800대 이상의 생산 계획이 개발비와 성능의 문제로 187대에서 생산이 종료됐다. 또 F-22는 성능 면에서도 교신과 산소호흡기 문제 등으로 실제 전투에 투입되지 못하고 있다. F-35는 개발된 지 15년이 지났지만 이제 겨우 30% 정도만의 테스트가 끝났고, 개발이 순조롭게 진행된다고 해도 양산은 2019년에나 가능하다고 미국 회계감사국이 의회 제출 자료에서 밝히고 있다.

이와 달리 유로파이터는 2000년대 초기에 이미 실전 배치되어 유럽과 중동에 수출되어 6개국에서 350대 이상이 운용되고 있다. 또한 2011년 초에는 리비아 전장에 참여해 완벽한 공대지 성능을 입증했다. 프랑스가 개발한 라팔도 2012년에 인도와 수출 계약이 이뤄져 앞으로 국제 전투기 시장에서 새로운 강자로 떠오를 것으로 예상되고 있다.

다양한 레이더와 전자 기술의 발달 그리고 위성과 공중조기경보기, 이지스함 등 다양한 플랫폼들 간에 데이터 퓨전이 가능해짐으로서 스텔스 전투기는 그 효용성이 급격하게 떨어지고 있다. 미국이 전투기 개발 방향에 대한 미래 예측을 잘못함으로써 현재 국제 전투기 시장에서 유럽의 거센 도전을 받고 있으며 그 중심에 유로파이터가 서있다.

협력과 상생의 결정체

유럽 27개국으로 구성된 유럽연합은 현재 유럽합중국(United States of Europe)으로 가는 마지막 관문인 정치적 통합만 남겨놓고 있다. 1993년 11월 1일 네덜란드의 마스트리히트(Maastricht)에서 체결된 일명 '마스트리히트 조약'으로 불리는 '유럽연합 조약(Treaty on European Union)'은 1957년 '로마조약'으로부터 시작되어 거의 반세기 동안 진행된 유럽인들의 단일 국가를 향한 통합의지를 확고하게 천명한 조약이자, 세계사에서 유래를 찾아보기 힘든 일대 사건이다.

유럽인들은 왜 통합을 원하고 있을까? 반복되는 경제, 재정 위기와 수많은 난관에도 불구하고 왜 유럽의 학자들과 정치, 경제 지도자들은 반세기 가까운 긴 시간 동안 유럽연합을 위해 노력했을까?

유럽은 두 차례에 걸친 세계대전이라는 뼈아픈 경험을 통해서 유럽의 통합만이 인류가 스스로의 손으로 자신의 문명을 파괴하는 야만적이고 터무니없는 비극을 막을 수 있다는 사실을 철저하게 깨달았다. 말하자면 유럽연합은 유럽인들 모두를 전쟁의 공포로부터 해방시키는 소망의 결정체인 것이다

그리고 영국, 독일, 이탈리아, 스페인 등 유럽 4개국이 공동 개발, 생산하고 있는 유로파이터 타이푼은 바로 유럽 국가들 간 협력과 상생의 상징인 것이다. 양차 대전 중 적대국이었던 국가들이 협력하여 전쟁 수단 가운데 가장 상징적인 전투기를 만든다

독일 공군의 유로파이터. 미국이 전투기 개발 방향에 대한 미래 예측을 잘못함으로써 현재 국제 전투기 시장에서
유럽의 거센 도전을 받고 있으며 그 중심에 유로파이터가 서있다.

는 것은 유럽인들이 평화를 얼마나 열망하는지 잘 보여주는 사례인 것이다.

이미 유럽은 에어버스를 통해 미국 보잉과 대등한 위치에 올라섰다. 하지만 이러한 위치를 계속 유지하기 위해서는 A380 같은 민항기 개발만으로는 한계가 있었다. 전투기 개발과 생산은 국방만이 아니라 민항기를 비롯한 미래의 산업 전반을 위해서도 반드시 필요한 수순이었던 것이다. 에어버스와 유로파이터 주식회사가 모두 EADS의 산하 기업들인 점도 간과해서는 안될 것이다.

가령 EADS의 산하 기업으로 봐도 무방한 MBDA가 개발한 램젯 엔진을 장착한 미티어 미사일의 추진체 제작 기술은 향후 마하 5 이상의 초고속 민항기 개발에 그대로 응용될 것이며 이미 개발이 시작된 지 오래다.

유럽 4개국이 유로파이터 타이푼을 공동 개발하고 생산하는 의미는 단순히 전투기 한 기종을 공동 개발하고 생산하는 데에 있지 않다. 전 유럽에 걸쳐 400여 개의 중소기업들이 참여했고 약 10만 명의 고급 일자리가 생겼다고 한다.

하지만 이런 산업적 효과도 유로파이터 타이푼 공동 개발의 의미 중 일부에 지나지 않는다. 유로파이터 타이푼은 4억이 넘는 유럽인들의 오랜 평화의 꿈을 상징하는 것이다.

유럽을 여행한 사람들은 샤를마뉴 대제의 기마상이 프랑스는 물론이고 독일, 이탈리아, 벨기에, 네덜란드 등에 모두 세워져 있다는 것을 알고 있다. 서기 800년 교황으로부터 서로마 황제 대관식을 집전 받은 샤를마뉴 대제 이후 유럽은 헤아릴 수도 없이 많은 전쟁을 치렀다. 100년 전쟁, 7년 전쟁, 30년 전쟁. 그리고 종교 전쟁, 왕위계승전쟁 등 이루 헤아릴 수가 없을 정도다. 19세기 들어 나폴레옹 전쟁, 프러시아와 프랑스의 보불 전쟁 그리고 20세기 들어 양차 세계 대전도 겪었다. 그리고 21세기에 들어와 이제 유럽은 다시 샤를마뉴 대제 시대처럼 '유럽이 하나'였던 시절로 돌아가고 있다.

유로파이터 타이푼은 이러한 하나의 유럽을 상징하는 꽃이자 미국으로부터의 산업적, 경제적 독립을 위한 발걸음이었다. 그 결과물인 유로파이터 타이푼은 무엇보다 4개국의 협력과 상생이라는, 미국과는 전혀 다른 의사 결정 과정을 통해 도출된 전략 무기라는 점을 잊어서는 안 된다.

독일 함부르크에 있는 에어버스 생산공장

전투기는 항공우주산업의 꽃이며, 항공우주산업은 자주국방과 평화를 담보하는 국가의 중요한 기둥이다.
그리고 항공우주산업은 중요한 차세대 먹거리 가운데 하나다.

유로파이터 타이푼, 한국 항공우주산업의 모델

전투기는 항공우주산업의 꽃이며, 항공우주산업은 자주국방과 평화를 담보하는 국가의 중요한 기둥이다. 그리고 항공우주산업은 중요한 차세대 먹거리 가운데 하나다. 한국은 자원도 부족하고 남북으로 분단된 어려운 현실에서 민족의 정체성과 후손들의 안녕을 지키고 통일의 밑바탕을 마련하기 위해서는 항공우주산업을 반드시 발전시켜 나가야 할 필요성과 당위성을 가지고 있다.

그런데 한국은 이제까지 수백 대에 달하는 전투기를 엄청난 예산을 투입해 도입했지만 아직도 전투기를 생산할 수 없는 국가로 분류되어 있다. 미국은 기술 이전을 하지 않았으며 한국은 제대로 받아내려고도 하지 않았다. 현재 전 세계에서 11개 나라만이 전투기를 생산하고 44개 나라가 수입해서 쓰고 있는 것으로 알려져 있다.

한국은 10조원 가까운 예산으로 차세대 전투기 60대를 사들여오는 F-X 3차 사업과 함께 한국형 전투기를 개발하는 KF-X 사업을 동시에 진행하고 있다. 이 두 사업을 동시에 진행하고 있다는 것은 한국이 다시 갖기 어려운 매우 좋은 기회이다. 필요한 기술을 F-X 사업의 절충교역 등을 통해 손쉽게 확보할 수 있기 때문이다. 일명 '보라매 사업'으로 불리는 KF-X 사업을 통해 한국은 제한적이지만 스텔스 성능을 갖춘 F-16급 이상의 차세대 전투기를 자체 개발, 생산하려고 한다. 이를 위해서는 항공전자, 데이터 퓨전과 데이터 링크, 스텔스 기술, 수퍼크루즈와 추력편향 등의 엔진 설계 기술 등이 필요하며 신소재 분야에서도 기술을 이전 받아야 한다.

2012년 9월 연세대학교 '항공우주력 국제세미나'에 참가한 스페인 공군 살바도르 알바레즈 대령은 "한국 항공우주산업의 지속적 성장을 위한 기회"라는 발표를 통해 "전투기를 단순 구매하는 대신, 전투기를 개발 생산할 수 있는 지식을 사라"고 강조했다. 또 유로파이터를 개발 생산하기까지 쓰디쓴 교훈을 먼저 얻은 스페인의 조언이라며, F-X 3차 사업을 통해 한국은 전투기로 대표되는 항공방위산업의 기술적, 산업적 기반을 확충해 설계 생산 시스템을 갖추고 한국형 전투기의 개발 시간과 비용을 획기적으로 절감할 수 있는 절호의 기회를 놓치지 말아야 한다고 주장했다.

유로파이터 시뮬레이터

알바레즈 대령은 1960년대 F-5의 면허생산과 1980년대 F-18의 절충교역을 통해 항공산업의 토대를 닦은 스페인은 그 이후 유로파이터 사업에 본격 참여해서 2000년대에 들어와 수익을 내면서 연관 산업과 미사일 등에 파급효과를 보고 있다고 밝혔다.

10조원 가까운 엄청난 예산이 투입되는 이번 3차 F-X 사업은 한국이 첨단 항공우주 기술을 습득함으로써 국제 경쟁력을 확보할 수 있는 거의 마지막 기회라고 할 수 있다. 왜냐하면, 많은 국방전문가들이 지적하듯이, 갈수록 무인기가 대세를 이루며 네트워크화, 전자전화 되어가는 미래 전장환경에서 한국의 F-X 3차 사업은 마지막 유인기 도입사업이 될 가능성이 크기 때문이다.

전투기 개발사를 돌아보면 10년 안에 전투기를 개발 양산해 낸다는 것은 불가능하다. 전투기 개발에는 평균 15년 정도의 시간이 소요되며 예산도 15조 원이 넘는 엄청난 돈이 들어간다. 따라서 지금 당장 시작해도 2025년이 되어서야 양산에 들어갈 수 있다. 그것도 별다른 돌발 변수가 나오지 않을 때 가능하다. 따라서 한국형 전

3차 F-X 사업은 한국이 첨단 항공우주 기술을 습득함으로써
국제 경쟁력을 확보할 수 있는 거의 마지막 기회라고 할 수 있다.

유로파이터의 영국 생산라인

투기 개발의 실패 가능성을 줄이기 위해서는 무엇보다 기술 이전을 제대로 받는 것이 중요하다.

　F-X 사업을 통한 차세대 전투기 도입과 한국형 전투기 개발은 군사력을 강화하고 있는 주변국들과의 군비경쟁을 고려할 때 불가피한 선택이다. 북한의 비대칭 전력과 재래식 무장에 대비하고 언제 일어날지 모르는 붕괴에도 대비해야 하며 동시에 항공우주산업을 육성해야 하는 한국은 이 모든 요구를 충족시킬 수 있는 기종을 F-X 사업에서 선택해서 KF-X사업과의 지혜로운 조합을 통해서 실현시켜 나가야 한다. 세계 10위의 무역규모와 경제력을 갖춘 국가로서 한국은 적극적이고 주체적인 노력을 통해 미래의 이익을 확보해야 한다.

　한국이 군사적 그리고 산업적 측면에서 F-X 사업과 KF-X 사업을 어떻게 조화시켜야 할지는 일본이 온갖 비난과 위험에도 불구하고 F-35를 도입한 이유를 살펴보면 그 길을 찾을 수 있을 것이다. 일본은 개발도 끝나지 않은 F-35를 미국에게 구매 약

유로파이터 조립 라인. 전투기 개발의 실패 가능성을 줄이기 위해서는 기술이전을 제대로 받는 것이 중요하다.

속하면서 무기수출금지 해제를 얻어냈다. 그리고 곧바로 영국과 공동 무기 개발 계획을 발표했다. 일본 역시 우리가 F-X, KF-X, 잠수함, 헬기 등의 사업에 매진하는 것과 같은 이유다. 바로 군사적, 산업적 두 가지 목적 모두에서 방위산업이야말로 미래의 먹거리이기 때문이다.

일본은 한국보다 제조, 소재, 설계 등에서 한발 앞서 있는 국가다. 외교적 이유로 그동안 묶여 있던 해외 시장만 열린다면 빠른 시간 내에 국제 무기시장에서 경쟁력을 확보할 수 있는 제조업 강국이다. 일본의 이러한 움직임은 향후 G2의 하나로 성장할 중국을 견제하려는 아시아 국가들의 군사력 확충 계획을 염두에 둔 포석도 깔려있다.

일본은 수십만 개의 부품이 들어가는 전투기, 잠수함 및 항공전자 등에서 한국에 비해 기술적 비교우위를 점하고 있다. 사실 일본은 일부 기술만 지원받으면 F-35급의 전투기를 지금이라도 당장 생산할 수 있다고 전문가들은 분석하고 있다. 또 일본이 로켓과 위성 사업을 하고 있다는 점을 잊지 말아야 한다. 2차 대전 당시 항공모함을 건조하고 전투기를 만들었던 일본이다. 미국이 동일한 F-35를 판매하지만 일본과 한국을 보는 관점이 다르다는 것을 명심해야 한다.

따라서 이번 한국의 F-X 3차 사업은 한국으로서는 군사적, 경제적으로는 물론이고 외교적으로도 동북아에서 일본에 버금가는 국제적 위상을 확보할 수 있는 소중한 기회이다. 한국이 유로파이터 타이푼을 선택한다면 2050년까지 군사, 산업, 외교에서 결정적으로 긍정적인 효과를 가지게 될 것이다.

미국 전투기 F-35는 개발 중인 전투기이며, F-15SE는 시제기도 한 대 나와 있지 않은 설계상에만 나와 있는 전투기이다. 미국 정부가 대표로 나서는 무기 거래 방식인 FMS(Foreign Military Sales, 대외군사판매)에 묶인 F-35의 경우는 해외 판매국에 대한 기술 이전에 매우 인색하다. 그리고 F-35는 이미 개발비를 분담한 다른 개발 참여국과의 형평성 문제 때문에 한국에 기술 이전을 하기 어려운 상황이다. 가격도 통고되지 않았고 자체 정비도 한국에서 어렵고 개량은 아예 불가능한 전투기로 알려져 있다.

F-X 3차 사업에서 어떤 전투기를 선택해서 한국이 미래의 항공우주산업을 발전시켜 나가야 할지는 사실 조금만 살펴보면 삼척동자도 알 수 있다. 중차대한 결단은 언제나 현재 상태의 부정에서 출발한다는 경구를 다시 한 번 되새겨야 할 때다.

제3장
유로파이터 타이푼의 탄생
- 에르빈 오버마이어(Erwin Obermeier)

'유로파이터' 작명에 숨은 의미

'Eurofighter'라는 영어 단어는 고유명사가 아니다. 합성어로서 유럽 전투기라는 뜻이다. 이 보통명사가 고유명사가 된 배경에는 두 가지 깊은 뜻이 숨어있다.

첫째, '유로파이터'에는 '아메리칸 파이터'와 대립각을 세우겠다는 유럽 국가들의 결연한 의지가 숨어있다. 전투기 전문가들 사이에서 흔히 '틴 계열'(teen series : F-14, 15, 16, 18 전투기들)로 불리는 미국제 전투기들의 독주를 그대로 방치할 수 없다는 유럽 국가들의 합의가 도출해낸 결과물이 유로파이터인 것이다.

둘째, 유로파이터라는 평범한 합성어가 세계에서 가장 균형 잡힌 멀티롤/스윙롤 개념의 전투기를 지칭하는 고유명사가 되기까지에는 21세기 국제 정치 무대의 최대 실험이자 성과이기도 한 유럽연합(European Union)의 탄생이 자리 잡고 있다. 27개 국이 하나의 연합을 구성하고 있는 유럽연합은 정치적 통합만 남기고 경제, 사회, 문화 거의 모든 면에서 하나의 국가를 향해 움직이고 있다. 국방과 국방의 핵심인 항공 전력에서도 유럽은 하나의 국가처럼 움직여야만 했고 그 결과물이 바로 유로파이터인 것이다.

'타이푼'이라는 이름에 숨은 의미

사람의 이름에 퍼스트 네임이 있고 패밀리 네임이 있듯이, 유로파이터에도 이름과 성이 있다. 유로파이터가 이름이라면 타이푼은 패밀리 네임에 해당한다. 유럽의 전투

유로파이터는 미국 '틴 계열' 전투기와 격이 다른 전투기이다.

'유로파이터의 아버지'로 불리는 에르빈 오버마이어(가운데). 현재 카시디안(Cassidian)의 수석고문이다.

기 산업과 국방정책을 잘 모르는 이들은 종종 부르기 좋으라고 붙인 이름 아니냐고 반문하지만 결코 그렇지 않다.

태풍을 뜻하는 '타이푼(Typhoon)'이라는 이름은 유로파이터가 바로 전 세대 전투기인 '토네이도(Tornado)'의 맥을 잇는 전투기라는 사실을 일러준다. 실제로 영국, 독일, 스페인, 이탈리아 등 유럽 4개국이 공동 개발, 생산하고 있는 유로파이터는 4개국 공군이 모인 협의체인 NETMA(NATO Eurofighter and Tonado Management Agency)와 계약을 하고 주문을 받아 생산하고 있다. NETMA는 유럽 4개국의 공통 및 개별 군 소요와 미래의 전투기 성능향상을 협의, 최종 결정하고 물량을 인도받기 위해 결성한 조직이다. 이 협의체에 토네이도와 타이푼이 함께 들어가 있는 것이다.

타이푼이라는 패밀리 네임은 따라서 유럽이 유로파이터 타이푼 이전에 이미 오래 전부터 유럽산 전투기를 공동으로 개발, 생산할 필요성을 절감하고 있었으며, 토네이도의 대체기종인 첨단 5세대 전투기 유로파이터 타이푼은 국지성 바람인 '토네이도'를 이어받은 보다 강력한 '태풍'인 셈이다. 유로파이터 계획에 참여했다가 이견을 좁히지 못하고 탈퇴한 프랑스 역시 자국산 5세대 전투기를 불어로 돌풍을 뜻하는 '라팔'(Rafale)이라고 명명했다.

유로파이터, '틴 계열' 미국 전투기들과는 격이 다른 전투기

유럽 4개국이 공동 개발, 생산하고 있는 전투기인 유로파이터 타이푼은 미국제 '틴 계열' 전투기들과는 격이 다른 전투기이다. 격이 다르다는 것은 전투기의 기본 설계에서 쉽게 드러난다. 월남전의 교훈으로부터 태어난 '틴 계열' 전투기들과는 달리, 쌍발 엔진을 장착한 단좌기라는 5세대 전투기의 가장 기본적인 조건을 충족시키는 유로파이터는 이 두 가지 조건을 충족시키지 못하는 기존의 '틴 계열'과는 설계개념에서부터 확연한 차이를 보이는 것이다. 미국이 자랑하는, 그러나 단 한 번도 실전에 배치된 적이 없고 187대로 생산이 종료되고만 비운의 전투기인 F-22 랩터 역시 쌍발의 단좌기이다.

미국산 '틴 계열' 전투기들은 유로파이터의 상대가 결코 아니다.

쌍발 엔진은 5세대 전투기의 기본 중의 기본이다. 이는 지상, 해상, 공중 전투 등을 한 대의 전투기로 모두 충족시켜야 하는 '멀티롤(multi-role)' 성능의 핵심이다. 따라서 미국의 '틴 계열' 전투기들이 쌍발의 단좌기라는 두 가지 조건 모두를 충족시키지 못하고 있다는 것은 전투기 개발사를 아는 이들에게는 당연한 일로 받아들여진다.

예를 들어, 역사상 가장 성공한 전투기 중 하나로 평가받는 F-16은 단좌에 단발기이며 F-15 계열과 하이-로(high-low) 개념에 입각해 공동 작전을 펴도록 개념설정이 된 전투기이다. 이제는 경공격기로 평가될 정도로 오늘날의 전투기 성능이 획기적으로 높아졌지만, 아직도 미국 등 서방진영은 물론이고 아프리카, 동구권, 파키스탄 심지어 미국과 죽기살기로 전쟁을 치른 이라크도 F-16을 도입해서 운용하고 있거나 도입할 예정이다. 그만큼 경제적인 전투기이기 때문이다.

미국이 자랑하는, 그러나 계속되는 설계결함과 인도 지연 및 가격 상승으로 난맥상을 보이고 있는 F-35는 바로 이 F-16과 지상 공격용 특수 목적기인 A-10을 대체하기 위해 제작된 전투기이다. F-35는 설계개념 상 당연히 단발일 수밖에 없고 한계를 지닌 전투기인 것이다. 다시 말해 F-35는 F-22와 함께 출격해 F-22가 '공중 소독'(airspace sanitization)을 한 다음 지상을 타격하는 공격기인 것이다. 최고 설계속도가 마하 1.6에 불과하고 작전반경이 1,000km에도 미치지 못하는 성능사양도 모두 이런 개념에 입각해 설정된 것들이다.

미국산 '틴 계열' 전투기들은 유로파이터의 상대가 결코 아니다. 성능면에서도 그렇지만 탄생부터가 다른 두 전투기들이 설사 비교가 된다 해도 서로 싸울 일은 결코 없는 것이다. 유로파이터 타이푼은 나토(NATO) 회원국들이 공동으로 생산하고 운용하는 전투기로서 언제든지 미국과 공동 작전을 펼치는 서방진영의 전투기인 것이다. 이는 최근에 벌어진 리비아 작전에서도 그대로 입증된 바 있다. 유로파이터 타이푼의 가상의 적은 러시아와 중국이 개발 중인 5세대 전투기들이다. 그러면 왜 유럽은 자체 전투기를 개발해야만 했을까?

유럽연합과 유로파이터 타이푼

이 질문에 답을 하기 위해서는 전투기를 비롯한 항공우주산업 전체에 대한 이해가 필요할 것이다. 유로파이터 타이푼 개발에 참여하면서 정치경제적 상황과 미래의 테크놀로지의 발전(특히 전자산업과 위성기술)을 예측해온 본인은 전투기 개발이 미래의 먹거리라는 점을 지나칠 정도로 강조한 적이 있다. 현재 유로파이터는 유럽 전체에 걸쳐 대략 10만 개의 고급 일자리를 창출했으며 400여 개의 크고 작은 중소기업들이 참여하고 있다.

일반인들은 전투기를 두 가지 측면에서만 바라보곤 한다. 첫 번째 부류의 사람들은 군사 매니아들로서 곡예비행에 관심이 많고 기종들의 성능을 비교하며 우열을 따지곤 한다. 이들이 간과하고 있는 것은 전쟁이 발발했을 때 전투기들은 결코 한 대만 단독 출격하지 않는다는 점이다. 기종을 비교하는 것은 나름대로 의미가 없지는 않지만

유로파이터와 에어버스 A380. 전투기와 민항기는 항공산업의 두 바퀴다.

전투기들은 공중, 지상, 해상의 입체적 작전의 네트워크화된 전장 환경에서만 움직이게 되며 편대 비행을 하며 편대장의 지휘를 받는다. 두 번째 부류의 사람들은 전투기를 단순히 무기로만 보는 평화주의자들이다. 이들의 의견 역시 의미가 없는 것도 아니고 또 근거도 지니고 있다. 하지만 이런 부류의 사람들이 간과하고 있는 것은 전투기 개발과 생산이 가져다주는 경제, 산업적 파급효과다.

전투기는 항공우주 산업의 꽃이다. 전투기라는 한 송이 꽃을 피우기 위해서는 눈에 보이지 않는 땅 속 깊이 뿌리가 내려야만 하며, 이 뿌리는 전투기뿐만 아니라 중대형 민항기는 물론이고 군용 수송기와 나아가서는 우주산업에도 지대한 영향을 미친다. 나아가 이 영향은 비단 항공우주 산업만이 아니라 자동차, 해양설비, 헬스산업, 전자, 소재 등 첨단 산업의 각 분야에 골고루 영향을 미치게 된다. GPS, 탄소복합소재, ABS 제동장치 등은 항공산업에서 파생되어 일반화된 대표적인 기술들이다. 요즈음 나오는 신형 자동차들에 장착되는 헤드업 디스플레이(HUD, head-up display) 역시 항공기에서 나온 기술이다. 적지 않은 자동차 회사들이 항공기 제조에 참여하거나 철도나

유로파이터의 이탈리아 생산공장. 전투기는 항공산업의 꽃이다.

전자 기업을 운영하는 것은 기술의 연관성을 염두에 두면 자연스러운 일이다. 볼보는 항공기 엔진을 제작하며, 사브는 전투기를 제작한다. 지금은 아니지만 메르세데스와 BMW도 항공기 회사들이었다.

본인이 알기로는 한국도 비록 핵심 기술은 외국에 로열티를 지불하고 사왔지만 고등 훈련기로서 조금만 개조하면 F-16급의 경공격기로 사용할 수 있는 T-50을 수출하고 있다. 이는 일반인들이 생각하는 것보다 한국의 기술과 산업 생산능력이 완전히 다른 차원으로 한 단계 올라 선 것을 의미한다. 무엇보다 자체 설계 능력과 시스템 통합 능력을 갖추었다는 점에서 본인만이 아니라 전투기 전문가들이라면 누구나 이제 한국이 단순 전투기 구매국가에서 벗어나고 있다는 점을 인정하지 않을 수 없다.

유럽은 프랑스를 제외하면(사실 프랑스는 미국산 전투기를 단 한 대도 운용하지 않은 세계에서 유일한 서방 진영 국가다) 미국산 전투기에 크게 의존해왔다. 유로파이터 사업에 참여한 독일, 이탈리아, 스페인에서는 미국산 전투기들을 운용해 왔고 지금도 소수지

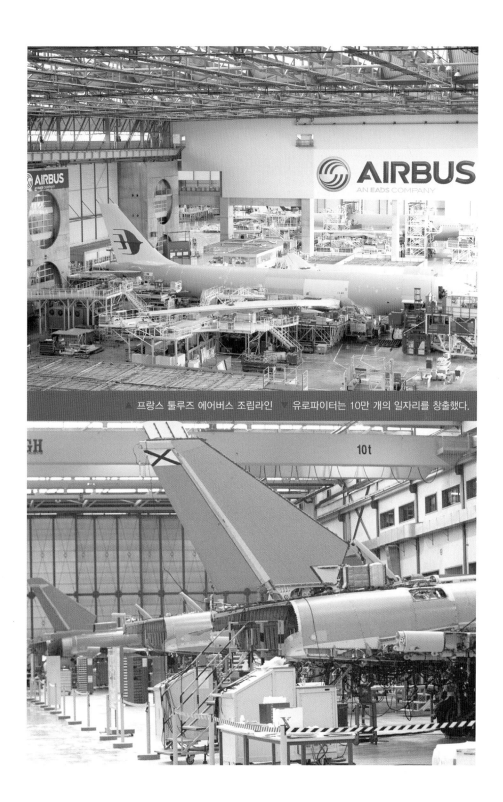

▲ 프랑스 툴루즈 에어버스 조립라인　▽ 유로파이터는 10만 개의 일자리를 창출했다.

만 운용하고 있다. 그러면 왜 유럽 여러 나라는 유럽 고유의 전투기를 독자적으로 개발 생산해야만 했을까? 다름 아니라 전투기 개발이 지니고 있는 경제, 산업적 파급 효과 때문이다. 자칫 독자적인 전투기 개발을 하지 않을 경우 이는 단순히 전투기 개발 불능상태에 그치는 것이 아니라 민항기를 비롯해 항공우주 산업 전반에 치명적인 의존성을 키우고 나아가서는 경제, 산업적 속국이 되는 위험한 처지에 이를 수도 있는 것이다.

이런 이유로 유로파이터 타이푼 개발은 전세계 민항기 시장을 선도하고 있는 에어 버스와 함께 고려해 봐야 한다. "유로파이터와 에어버스의 관계"는 말 그대로 "전쟁과 평화의 공존 상태"를 의미한다. 늘 평화만 계속되길 누구나 바란다. 하지만 인류 역사를 보면 사정은 전혀 그렇지 않았다. 평화는 전쟁 중에 잉태되며 전쟁 역시 평화 속에서 시작된다. 전투기와 민항기는 늘 함께 움직여야 하는 항공산업의 두 바퀴인 것이다.

유로파이터와 에어버스는 현재 EADS, 즉 유럽항공방위우주산업 산하 기업들이다. 즉 같은 회사의 다른 부서들인 것이다. 이는 지극히 당연한 일이다. 기술과 지식 및 경영 노하우는 상호 호환되며 엄청난 시너지 효과를 낸다. 나아가 EADS 산하에는 유로콥터(Eurocopter)와 군용 수송기인 A400M을 생산하는 기업이 있고, 우주발사체 제조 및 운용사인 아스트리움(Astrium)이 있다. 세계의 모든 거대 항공우주 산업체들인 EADS, 보잉, 록히드 마틴 등은 모두 유사한 기업구조와 방식으로 운영된다. 이는 항공우주산업의 구조적, 기술적 상호 연관관계로 인하여 지극히 자연스러운 일이다. 본인이 보기에 한국에 부족한 점이 바로 이 점이다.

한국에 부족한 점을 조금 더 구체적으로 말하면 첫째, 전투기이든 민항기이든 아니면 무기이든, 모든 생산품은 마켓을 염두에 둔 상품이라는 공통점을 지니게 된다. 한국에 부족한 점이 바로 이 마켓 형성능력과 판로 개척이다. T-50이 아무리 성능이 좋아도 아직 판매성과가 괄목할 정도가 아니라면 이는 마케팅 실패가 주원인일 수 있는 것이다. 유럽 역시 유로파이터 타이푼을 개발할 당시 이 점을 최우선적으로 고려했다. 프랑스를 포함한 5개국이 모인 것도, 설계주도권을 강력하게 희망한 프랑스가 이견을 좁히지 못하고 탈퇴한 후에도 유럽 4개국이 조금씩 투자를 더하면서도 독자 전투기 개발을 밀어붙인 것도 모두 유럽 4개국이라는 탄탄한 고객국가로 인해 '규모의 경제'를 확보할 수 있다고 보았기 때문이다. 현재 유로파이터는 유럽 4개국 계약 물량만 700대가 넘으며 최근에 350여대 인도가 완료되었다. 또한 오스트리아와 사우디 아라비아, 오만에 수출을 성공시킴으로써 한층 생산성과 개발비 부담을 덜게 되었다. 현재 유로파이터 타이푼은 전세계 5개국 정도의 차기 전투기 사업에 출사표를 던진 상태이며 뛰어난 성능과 비용 대비 효과 측면에서 압도적인 비교우위를 확보하고 있다.

한국에 부족한 두번째 점을 지적한다면, 시너지 효과를 낼 수 있는 후속 개발 사업이 부족하다는 점이다. 스스로 마켓을 형성할 수 있어야 하며 판로도 개척해야 하지만, 자체적으로 기술과 경영 노하우를 지속해 나갈 수 있는 산업역량을 키워야 한다. 모든 항공우주산업체들은 시장에 신상품을 출시하면서 동시에 다음 세대의 상품 개발에 뛰어든다. 요즘은 이런 추세가 자동차 산업에서 가장 일반화되어 있다. 모토쇼에 출품되는 컨셉트 카가 바로 그것인데, 이 컨셉트 카는 이목을 끌기위해 제작된 자동차가 결코 아니다. 마찬가지로 현재 미국식의 분류를 따르면 5세대 전투기 시장이 형성되어 있지만 이미 유럽을 비롯해 미국과 러시아 중국은 6세대 전투기를 제작하고 있다.

한국에게 KF-X 사업이 중요한 이유가 바로 여기에 있다. KF-X 사업은 다소 역설적으로 들릴 수도 있지만, 사실은 그 자체로도 중요하지만 그에 못지않게 차기 전투기 시장의 대세가 될 6세대 전투기 개발을 위한 과정으로서의 의미를 지닌다. 다시 말해 만일 한국이 6세대 전투기 개발에 뛰어들 생각이 없다면 KF-X 사업은 큰 의미를 지닐 수 없다는 것이다. 이런 의미에서 이번 F-X 3차 사업은 한국이 고도의 지식 산업 생태계에 편입될 수 있는지 아니면 현 상태로 안주할 것인지를 결정하는 중요한 의미를 지닌다.

기술은 기술을 낳는다. 다시 말해 기술은 기술 외부에서는 탄생하지 않는다. 연속성을 지녀야하는 기술의 속성을 염두에 두면 KF-X사업은 늦었지만 더 이상 미룰 수 없는 사업인 것이다. 전투기를 위해서도, 민항기를 위해서도, 그리고 항공우주방위산업 전체를 위해서도.

베를린 장벽 붕괴와 유로파이터

유로파이터를 개발하면서 가장 큰 시련은 1989년 느닷없이 찾아온 베를린 장벽의 붕괴였다. 유럽인들은 모두 베를린 장벽이 무너지던 날 거리로 나와 춤을 추며 기뻐했다. 이는 유럽이 이제 2차 대전의 악몽에서 완전히 벗어났음을 의미하는 것이었고 적어도 유럽 내에서는 다시는 전쟁이 일어나지 않는다는 것을 뜻했기 때문이다.

1, 2차 세계 대전을 겪은 유럽인들은 다른 대륙 사람들이 생각하는 것과는 달리 전쟁이라는 말에 상당히 민감한 반응을 보인다. 또 유럽인들 중에는 유럽연합에 반대하는 이들도 의외로 많다. 대부분 극우 성향의 왕당파이거나 국수주의자들인데, 이들은 신 나치주의를 꿈꾸기도 하고 경제적 어려움이 대두할 때마다 외국인 혐오 성향을 보이기도 한다.

베를린 장벽 붕괴가 유로파이터 타이푼 개발을 염두에 두고 한창 일을 하던 우리에게 시련이었던 것은 독일의 개발 참여가 불투명해졌기 때문이었다. 통일을 하게 된 독일은 기쁨도 잠시. 곧 구 서독이 짊어져야 하는 경제적 부담을 국민들에게 설득해야 하는 지난한 과정을 거쳐야만 했다. 이런 상황에서 눈앞의 적이 사라진 통일 시대에 천문학적인 예산을 전투기 개발에 투입할 여력도 없었고, 또 여론도 이에 대해 전혀 긍정적이지 않았다. 도입 물량의 축소는 불가피했고 유로파이터 생산 공장과 지분 투자 및 기체의 성능 등도 영향을 받지 않을 수가 없었다.

베를린 장벽 붕괴가 몰고 온 계획 전면 재검토로 인해 각국의 공군과 항모를 운용하는 영국과 이탈리아의 특수한 소요제기 등의 문제들이 다시 부각되었으며, 이어지는 협상과 의견 조율은 천당과 지옥을 오가는 과정이었다.

하지만 독일은 유럽 최고의 부국답게 유로파이터 타이푼 개발에 다시 참여하게 되었고 이는 지금 와서 보면 정확한 판단이었음이 드러나고 있다. 이전처럼 미국산 '틴

독일 공군의 유로파이터

영국 공군의 유로파이터

계열' 전투기를 단순 구입하여 운용했을 때보다 70% 가까운 운용비를 절감할 수 있었고 항공기 개발과 생산으로 탄력을 받은 관련 부품산업의 활성화는 정확하게 수치로 따지기 힘든 놀라운 영향을 통일 독일의 산업 전반에 가져다주었다. 누구나 인정하듯이 독일은 세계 최고의 기술력을 보유한 제조업 강국이다. 현재 유로파이터 타이푼은 독일 경제에서 무시할 수 없는 큰 부분을 차지하고 있다. 유로파이터 주식회사의 본사 역시 독일 뮌헨 인근의 만싱(Manching)에 자리잡고 있으며 지분 구조 면에서 보면 독일이 최대 지분을 소유하고 있기도 하다.

9.11 테러와 21세기 전쟁 그리고 유로파이터

베를린 장벽 붕괴는 현대 전투기 개념에서도 하나의 분수령이 된 사건이다. 왜냐하면 냉전의 마지막 그늘에서 벗어난 전세계는 이제 완전히 다른 전쟁 개념이 지배하는 새로운 세계로 들어섰기 때문이다. 다시 말해 이제 국가 대 국가의 전면전이라는 승자도 패자도 없는 무모한 전쟁이 사라졌고, 그 대신 대테러전, 비대칭전이라는 개념의 새로운 유형의 전쟁이 등장한 것이다. 이런 관점에서 보면 9.11 테러는 이런 추세에 가속도를 붙게 한 중요한 분기점이다.

이제 전쟁은 전면전이 아니라 국지전으로 혹은 대테러전으로 방향을 틀었으며 미국의 이라크 공격은 마지막 전면전으로 기록될 것이다. 알카에다는 미국의 이라크 전면 공격을 예상하지 못했고 미국이 그토록 끈질기게 자신들을 추적해서 섬멸하려고 들지도 미처 예상하지 못했었다. 대테러전과 비대칭전이라는 새로운 전쟁 개념은 전투기에 국한하여 말하면 민간인 살상을 최소화하는 스마트 폭탄과 흔히 말하는 외과적 수술 차원(surgical)의 정밀 탐색과 공격을 요하는 전쟁 개념이다.

전쟁 개념의 변화와 함께 언급되어야 할 것이 다름 아니라 전자전과 무인기의 대두다. 이 두 가지 개념의 대두는 인류의 일상생황에 인터넷과 스마트폰이 가져다 준 혁명과 비견할 수 있는 근원적인 변화를 몰고 왔다.

전자전 개념을 인식한 미국은 '틴 계열' 전투기를 대체하기 위해 차기 전투기를 개

▲ 스페인 공군의 유로파이터　▽ 이탈리아 공군의 유로파이터

발하면서 레이더 회피 성능에 우선순위를 두는 개발 개념을 설정했고, 그 첫번째 결과물이 F-22였다. 하지만 유럽은 미국과는 다른 개념 설정을 했다. 유럽 내에서도 스텔스 성능 도입을 주장한 개발자들이 없는 것은 아니었다. 본인도 스텔스 성능의 이점을 잘 알고 있었다. 독일은 이미 스텔스 시제기까지 제작할 정도로 당시로서는 세계 최고의 스텔스 형상 설계와 램(RAM) 도료 생산까지 염두에 두고 있을 정도로 스텔스 기술 개발에 가장 앞서 있었다.

하지만 유로파이터 타이푼 개발자들은 스텔스 성능의 한계를 두고 오랜 논의를 거친 끝에 스텔스 기술의 전술, 전략적 가치가 지닌 한계점을 인정하지 않을 수 없었으며 균형 잡힌 설계의 전투기에 무게중심을 두기로 최종 결정을 내렸다.

이런 결정의 배후에는 스텔스 기술의 발전과 함께 대(對) 스텔스 기술 역시 발달할 것이며 이는 전쟁과 안보에서 주도권을 쥐는 길이 아니라는 가장 상식적인 사고가 자리잡고 있었다. 물론 우리는 러시아, 중국 심지어 미국의 스텔스 기술과 다양한 레이더 파에 대한 자료수집과 연구를 수행했다. 하지만 우리는 역사 이래 무기발달사를 지배해온 가장 보편적이고 한번의 예외도 없이 들어맞았던 원칙, 즉 창과 방패의 원칙에 주목했던 것이다. 스텔스 테크놀로지는 대 스텔스 테크놀로지를 유발 발전시키며 이런 식으로 악순환이 반복될 수 있는 것이다.

마지막으로 우리를 설득하여 스텔스보다는 균형 잡힌 설계를 선택하도록 한 것은 경제 법칙이었다. 다시 말해 스텔스 전투기를 개발하기 보다는 스텔스 전투기를 탐지해 내는 레이더와 대공망을 개발하는 것이 훨씬 용이하고 경제적이라는 것을 여러 번의 시뮬레이션을 통해 알게 된 것이다. 전투기는 한 번 개발되면 수정이 거의 불가능하다. 특히 스텔스 전투기는 100% 수정이 불가능하다는 것이 실험을 통해 입증되었다. 반면 레이더는 지상, 해상, 공중 등 다양한 작전 환경에 맞추어 크기, 출력, 파장, 유형 등을 다양화할 수 있을 뿐만 아니라 육·해·공의 입체적 작전도 가능했다. 우리의 예상은 적중했으며 네트워크화된 오늘날의 전장환경에서 전자전기와 공중조기경보기 및 해상의 이지스함의 지원은 아무리 뛰어난 스텔스기라도 모두 잡아내고 있다. 미국마저도 자신들의 정책실패를 인정하면서 F-18을 개조하여 특수목적기인 전자전

기(EA-18G Growler)를 개발 사용하고 있다.

우리는 펜타곤이 발표한 〈F-35 JSF 긴급보고서〉(F-35 JSF Quick Look Review)를 인터넷을 통해 대하면서 우리의 결정이 옳았음을 다시 한 번 확인할 수 있었고 안도의 숨을 내쉬었다. 남의 불행을 기뻐한다는 것은 윤리적으로 옳은 일은 아니지만, 한 대의 원형기로 공군, 해군, 해병대용 3개 기종을 개발하는 것에 그치지 않고, 세 기종 모두에 스텔스 성능까지 가미하려다 실패를 거듭하고 있는 미국의 사례는 같은 방산 개발자로서 전투기 개발에서는 과욕을 부리지 말아야 하며, 테크놀로지를 신뢰하되 결코 미신을 믿어서는 안 된다는 것을 잘 일러준다. 미국 국방부나 제작사인 록히드 마틴 내부에서도 적지 않은 이견들이 분출되었고 그로 인해 내부 분열이 있었을 것으로 보인다. 왜냐하면 미국은 냉정하고 오픈된 개방 조직이 어느 분야에나 존재하는 열린 사회이기 때문이다. 요컨대 F-35의 개발 실패는 단순한 테크놀로지나 정책의 문제가 아니라 한 방산업체가 9.11 테러와 이라크 전 이후의 우파적 민족주의에 기댄 행정부와 의회의 몇몇 정책결정권자들의 오만에 편승하여 무모한 과욕을 부린 탓에 만들어진 결과인 것이다. 현재 JSF를 구입하려고 하다가 정치적 어려움에 처한 많은 나라들은 이러지도 저러지도 못하는 곤란한 상황에 처해있다.

무인기의 대두는 피할 수 없는 대세다. 처음에는 정찰기로 개발이 시작되었지만 이제는 폭격기로도 개발이 진행되고 있다. 나아가 F-16을 무인기로 개조하려는 움직임마저 보인다. 이제 전쟁은 '조이스틱' 게임을 연상하게 하는 양상을 띠어가고 있는 것이다. 컴퓨팅의 혁신적인 발전과 위성 시스템의 발달은 무인기 시대의 도래를 앞당기고 있다.

하지만 무인기 역시 맹신은 금물이다. 기술 선도 산업이 있지만 언제든지 완숙기에 들어선 기술만이 진정한 기술인 것이다. 무인기 역시 유인기와 함께 운용되는 시기가 예상보다 더 길어질 것이며 이런 경우 유·무인기 간의 데이터 송수신은 핵심 기술이다. 유로파이터는 AESA, EOTS 등의 첨단 장비를 통해 완벽하게 유·무인기 혼용시대를 대비하고 있으며 성능개량이 가능한 설계로 인해 미래의 첨단기술들을 흡수할 수 있는 거의 유일한 전투기이다. 이 점이 바로 '틴 계열'의 미국 전투기들은 물론이

오스트리아 공군의 유로파이터

사우디 공군의 유로파이터

고 5세대 미국 전투기들과도 다른 점이다. 미국의 스텔스기들은 디자인에 전혀 손을 댈 수가 없는 치명적인 약점을 지니고 있는 것이다.

유로파이터 타이푼, 한국의 국방과 산업 발전에 가장 어울리는 전투기

옷은 몸에 맞아야 한다. 전투기에도 이 논리는 그대로 적용된다. 한국의 안보 상황과 전장 환경에 가장 적합한 전투기는 어떤 전투기일까? 다시 한 번 강조하자면, 유로파이터는 미국과 산업적인 면에서만 경쟁할 뿐, 같은 이데올로기를 갖고 있는 서방진영의 우방들이 제작하는 전투기이다. 유로파이터 타이푼과 F-22 랩터가 공중에서 맞부딪칠 경우는 발생할 수가 없는 것이다. 레드 플래그 같은 실전 훈련에서는 두 기종이 전투를 벌일 수가 있다. 혹자는 이 전투에서 유로파이터가 근접전에서 F-22를 격추시켰다고 좋아하지만, 이 기쁨은 그리 강조할 것이 못 된다. 유로파이터와 랩터는 서로의 용도가 다른 전투기들이기 때문이다. 랩터는 적외선이나 통신 시스템에서 아직도 손볼 데가 많은 전투기이지만(산소 공급장치의 이상은 조종사에게는 치명적이지만 전투기의 기술 측면에서 보면 그리 큰 문제는 아니다) 스텔스 성능에서는 거의 완벽하다. 따라서 이 용도에 맞추어 최대효과를 낼 수 있는 작전에만 투입될 것이다. 반면 유로파이터 타이푼은 말 그대로 멀티롤/스윙롤(multi-role/swing-role) 개념의 전투기이다.

F-22 랩터의 가장 치명적인 단점은 성능에 있는 것이 아니라 가격에 있다. 하긴 이 점은 단점이라고 할 수가 없다. 왜냐하면 F-22는 그 어떤 국가에게도 팔지 않는 전투기이기 때문이다. 가장 정확한 정보에 따르면 F-22의 대당 가격은 4억 2천만 달러에 달한다고 한다. F-22가 신화의 주인공이 된 데에는 〈아이언맨〉 같은 영화도 한 몫을 했겠지만, 이 상상을 초월하는 가격도 적지 않게 공헌을 했을 것이다.

한반도의 전장 환경에는 다목적 전투기가 절대적으로 필요하다. 고산준령이 있고 평야가 있으며 삼면이 바다인 한반도는 내가 여행해 본 바로는 정말 아름답고 다양한 지형을 가진 세계에서 몇 안 되는 나라 중 하나다. 하지만 국방 정책과 작전을 짜는 국

유로파이터는 말 그대로 멀티롤/스윙롤 개념의 전투기다.

유로파이터는 꾸준하게 성능향상을 할 수 있는 개방형 설계개념에 의해 제작되었다.

방 전문가의 관점으로 보면 피하고 싶을 정도로 가혹한 환경이다. 게릴라 전이 가능하며, 첨단무기보다는 오히려 재래식 무기가 더 위력을 발휘할 수 있다. 무엇보다 특정 지역에 밀집해 있는 남한의 인구 분포도는 국방 전문가들의 시선에는 경악을 금치 못하게 하는 환경이다. DMZ에서 불과 반경 100km 떨어진 곳에 2500만 인구가 사는 이 인구분포는 나로서는 도저히 이해가 되지 않았다.

이런 환경에서 전투기는 다중의 임무를 맡아야 하며 해상과 지상을 가리지 않아야 하고 그만큼 무엇보다 무장 능력이 관건일 수밖에 없다. 해상과 지상 공격을 원활하게 수행하기 위해서는 공중우세 역시 전투기 스스로 해결해야만 한다. 또한 조밀한 북한의 재래식 대공망을 피하기 위해서는 높은 기동성과 이러한 기동성을 보장해주는 작전 반경과 연료탑재능력이 보장되어야 한다. 전선이 한 군데로 집중되어있는 한반도 전장은 만일 전쟁이 일어난다면 세계 어디에서도 찾아볼 수 없는 최악의 환경이 될 수 있다. 신속한 출격과 공중우세 그리고 정밀한 타격이 하나의 동선으로 이루어져야만 하는 이러한 전장 환경은 유로파이터 타이푼만이 해결할 수 있는 환경인 것이다. 지형적으로는 이탈리아와 유사하다고 볼 수 있지만 북한을 염두에 두면 전혀 다른 환경이기도 하다.

유로파이터 타이푼은 공중우세를 확보한 다음 지상과 해상 타격을 동시에 수행할 수 있도록 개념 설정이 된 전투기이다. 독일은 공중우세만 주장했지만, 바다를 끼고 있는 영국, 이탈리아, 스페인은 독일과 다른 전투기를 원했으며 이는 유로파이터 타이푼 설계에 큰 영향을 끼쳤다. 특히 영국은 아르헨티나 인근의 포클랜드에도 주둔하고 있는 유로파이터 타이푼에서 알 수 있듯이, 지상과 해상 공격은 물론이고 장거리 전개까지 염두에 둔 고성능 엔진과 군수지원의 효율성에 우선순위를 두자고 주장했으며 이를 모든 나라가 수용하기에 이르렀다. 다만 독일의 경우처럼 일부 장비는 자국의 환경에 맞추어 생략하기로 했다.

한국의 전장 환경은 전투기의 지상 근접 지원을 요구한다. 이는 인구가 조밀한 지역에서의 전투에서는 필수 사항이다. 방사포, 전차, 해안진지에 은폐되어있는 해안포 그리고 동시에 성능은 떨어지지만 수적으로 우위에 있는 전투기들을 상대하기 위해서는 유로파이터가 최적의 기종인 것이다.

한국의 앞날에 행운이 깃들길

유로파이터 타이푼은 한반도 정도의 국토면적과 인구를 갖고 있는 영국, 이탈리아, 독일, 스페인 등 유럽 4개국이 공동 개발 생산하고 있는 전투기이다. 모든 유형의 작전을 소화할 수 있는 전투기로서 한국 역시 이러한 전투기를 필요로 한다.

또한 유로파이터 타이푼은 2050년까지 꾸준하게 성능향상을 꾀할 수 있는 개방형 설계 개념에 의해 제작되었다. 이는 스텔스 성능을 최우선시 했을 때에는 불가능한 설계다. 1000리터짜리 컨포멀 연료탱크가 내장될 것이며 이미 기계식 레이더의 장점을 최대한 살리면서도 T/R 1400개 이상을 장착한 최고 성능의 광시야각을 확보한 AESA레이더도 개발이 완료되어 NETMA의 주문이 떨어진 상태다. 뿐만 아니라 함재기 버전도 개발 중이다.

무엇보다 한국의 입장에서 반가운 소식은 유로파이터 컨소시엄의 정회원으로 유로파이터 개발, 생산은 물론이고 후속 군수지원에 기존 6개국들과 동등한 자격으로 참여한다는 것이다. 이는 새로운 산업적 기회를 만들어낼 것이며 군사, 외교적으로도 한국에게는 새로운 기회이자 도전이 될 것이다.

한국형 전투기 개발을 염두에 두고 있는 한국으로서는 구체적인 기술이전을 통한 이점은 물론이고 수치화할 수 없는 컨소시엄 구성과 운용 측면에서 유로파이터로부터 적지 않은 이득을 취할 수 있을 것이다. 이는 공연한 과장이 아니다. 결론을 맺는 자리에서 마지막으로 하고 싶은 말은, 만일 한국이 유로파이터 타이푼을 도입한다면 F-35를 도입한 일본보다 한국이 군사적 관점에서 볼 때 현명한 선택을 했다는 것이다. 성능, 가격, 기술이전, 국방협력 모든 분야에서 한국은 일본보다 훨씬 지혜롭고 미래를 내다보는 선택을 하는 것이다.

한국은 이제 전투기 완제품을 단순 구매하는 이전의 국가가 아니다. 기술력, 자본력 그리고 동아시아라는 지정학적 위치 등을 고려할 때, 나아가 세계 10위권의 경제

한반도의 전장 환경에는
다목적 전투기가 절대적으로 필요하다.

2012년 5월 16일 독일 뮌헨 현지에서 오버마이어와 〈디펜스 21⁺〉 김종대 편집장이 만났다.
사진 〈디펜스21⁺〉 김동규 기자

력과 문화적 잠재력을 볼 때, 이제 한국은 스스로 전투기를 제작하고 전쟁 억지력을
축적해야 하는 국가인 것이다. 한국은 지금 단순히 전투기를 구입하는 상황이 아니
라 훨씬 더 깊고 심각한 사업을 진행하고 있는 것이다. 한국의 앞날에 행운이 깃들기
를 기원한다.

제4장
협력과 상생의 전투기,
유로파이터 프로그램

유로파이터 주식회사

유로파이터 타이푼이라는 전투기는 영국, 독일, 이탈리아, 스페인 등 유럽 4개국이
공동으로 개발, 생산하는 차세대 다목적 전투기로서, 유럽의 첨단 기술력이 모두 동원
된 최신 기종이다. 이들 참가 4개국은 유로파이터 타이푼의 개발과 생산을 위해 다국
적 컨소시엄인 유로파이터 전투기 주식회사(Eurofighter Jagdflugzeug GmbH ; 영어로
는 Eurofighter Fighter Aircraft GmbH ; GmbH는 독일어로 '주식회사'라는 뜻)를 설립하

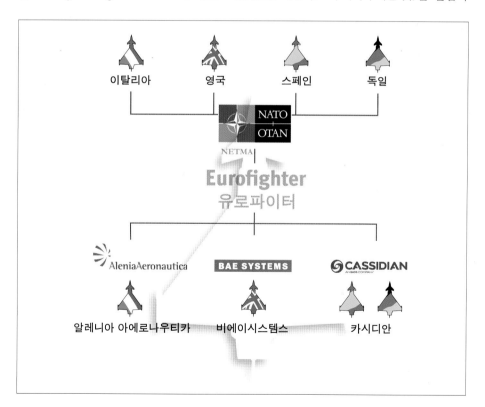

유로파이터 타이푼은 4개국이 공동개발·생산하며, 6개국에 작전배치되었다.

였다. 이 회사는 우리에게 에어버스로 잘 알려진 유럽항공방위우주산업(EADS) 산하인 카시디안(Cassidian)의 자회사로서, 참가 4개국 각국이 보유한 강점 분야를 상호 이전하고 자본도 공동 투자해서 설립하였다.

이들 4개국은 유럽 대륙 최대의 국방 협력 프로그램인 유로파이터 프로그램을 위해 각기 자국이 보유한 첨단 항공기술을 제공하고, 이를 통해 유럽의 하이 테크놀로지와 항공산업의 발전을 이루어가고 있다. 참여 4개국은 모두 자국이 담당한 분야와 기체 제작에 있어 개발과 제작을 책임지고 있다. 이러한 협력을 통해 참가국들은 비용절감의 효과뿐 아니라 각국이 보유한 기술을 공개하여 상호 이전하는 산업적 효과, 그리고 유로파이터 타이푼의 글로벌 경쟁력을 확보하는 상업적 효과까지 누리고 있다.

처음에는 프랑스도 전투기 공동 생산에 같이 참여하려 했었다. 하지만 의견차이로 인하여 프랑스는 독자 전투기 개발로 방향을 바꾸어 이후 라팔(Rafale)을 생산하게 된다. 프랑스가 탈퇴한 이후 영국, 독일, 이탈리아, 스페인 4개국은 1986년, 독일 뮌헨에 본사를 둔 유로파이터 전투기 주식회사를 설립한다. 이후 3년이 지난 1989년엔 유로파이터 타이푼의 원형기(proto type) 제작을 시작하였다.

유로파이터 주식회사의 지분

Alenia Aeronautica (이탈리아) 21%
BAE Systems (영국) 33%
Cassidian (스페인, 독일) 46%
    Cassidian CASA (구 EADS CASA 스페인) 13%
    Cassidian Germany (구 EADS Deutschland 독일) 33%

이와 동시에 참가국들은 중요한 합의를 이루어 낸다. 타이푼 전투기의 부품공장뿐만이 아니라 최종 조립공장 역시 4개국에 각각 건설하자는 내용이 그것이었다. 이후 1997년 전투기 생산과 후속지원에 관한 양해각서(memorandum of understanding, MoU)를 체결한 4개국은 이듬해인 1998년 1월 30일, 드디어 620대의 유로파이터 타이푼 구매계획에 최종 서명한다.

아부다비 상공의 유로파이터. 유로파이터는 유럽 국방협력의 상징이다.

이 책에서 누누이 이야기 하겠지만 타이푼은 처음 설계 단계에서부터 확장성, 성능개량 가능성을 염두에 둔 전투기이다. 그래서 이미 양산계획 단계에서부터 3단계(Tranche)로 나누어 성능을 개량하면서 전투기를 만들기로 계획을 세웠다. 트렌치 1은 148대(2003-2007년), 트렌치 2는 236대(2007-2012년), 그리고 트렌치 3도 236대(2012-2017년)를 양산하기로 했다. 이에 맞추어 1,382대의 엔진도 일정에 맞추어 구매계약을 맺기로 하였다.

총 148대 타이푼 트렌치 1에 대한 70억 유로 구매계약은 1998년 9월 18일에 이루어졌는데, 그해 말 제작을 시작하여 2003년에서 2004년 초에 4개국 공군에 인도가 시작되었다. 인도된 순서를 보면 독일 공군(German Luftwaffe), 영국 공군(Royal Air Force), 스페인 공군(Spanish Ejercito del Aire), 이탈리아 공군(Italian Aeronautica Militare)이었다.

트렌치 1 타이푼은 제작 참여 4개국 외에 오스트리아에도 수출되었다. 오스트리아 정부는 처음엔 18대를 구입하려 했으나 예산문제로 15대로 축소하여 2007년 최종계약을 했다. 2009년 9월에 인도가 완료된 상태다.

트렌치 2의 총 236대에 대한 계약은 2004년 12월 14일에 있었는데(약 130억 유로), 이와 더불어 2007년에는 사우디 아라비아가 총 72대의 유로파이터 트렌치 2 구입에 서명하였다. 첫 24대는 영국의 BAE Systems에서 생산하여 납품하고 이후 48대는 사우디 현지에서 조립생산하기로 했다. 첫 기체는 2009년 6월에 사우디 공군에 인도되었다.

끝으로 총 236대 양산이 계획된 유로파이터 트렌치 3는 2009년 7월 31일에 1차 양산분 112대에 대한 계약서명이 이루어졌다(엔진 포함하여 약 90억 유로). 2013년부

2011년 1월 18일 유로파이터 300번째 기체가 스페인 공군에 인도됐다.

터 인도가 시작되는 1차 양산분 트렌치 3의 국가별 주문수를 보면 영국이 40대, 독일이 31대, 이탈리아 21대, 그리고 스페인이 20대이다. 현재 우리나라가 추진하고 있는 차기전투기 사업(F-X)에 참여하고 있는 전투기가 바로 유로파이터 타이푼 트렌치 3이다.

전투기 자체의 제작뿐만이 아니라 엔진과 레이더 등 유로파이터 타이푼에 들어가는 장비 역시 4개국이 공동으로 설립한 회사에서 만들어지고 있다. 전투기 가격의 30% 이상을 차지하는 핵심부품인 엔진의 경우 유로파이터는 전용 엔진 생산업체인 유로젯 터보 주식회사(Eurojet Turbo GmbH)를 만들어 엔진을 공동으로 개발, 생산하고 있다. 여기에는 영국의 엔진 제작사인 롤스로이스, 독일의 MTU, 이탈리아의 Avio, 스페인의 ITP 등이 참여하고 있다. 또 레이더와 전자전 시스템 역시 4개국 공동으로 유로레이더(Euroradar) 사를 설립하여 개발과 생산을 하고 있다. 아울러 첨단 미사일, 정밀유도폭탄 등은 미사일 전문 제작사인 MBDA를 통해 공급받고 있다. 이번에는 유로파이터 컨소시엄에 참여하고 있는 회사들을 보다 자세하게 살펴보자.

유로파이터 컨소시엄의 파트너 회사들

- 유로젯 터보 주식회사 (Eurojet Turbo GmbH)

유로파이터 타이푼은 쌍발 엔진을 탑재한다. 유로젯은 이 전투기에 탑재되는 터보팬 엔진인 EJ200을 개발, 생산하기 위해 유로파이터 컨소시엄에 참여한 영국, 독일, 이탈리아, 스페인 4개국이 1986년에 공동 설립한 회사다. 본사는 독일 뮌헨 인근의 할베르그무스(Hallbergmoos)에 있는데, 세계적으로 유명한 엔진관련 업체들이 참여하고 있다. 각국의 참여 회사들을 살펴보면, 영국의 Rolls-Royce, 독일의 MTU Aero Engines, 이탈리아의 Avio, 그리고 스페인의 ITP 등이다. 2010년 현재 참가 4개국과 오스트리아, 사우디 아라비아 등 6개국에 계약된 707대의 유로파이터 타이푼을 위해 유로젯은 총 1,500대 이상의 EJ200 엔진을 생산, 공급했다.

유로젯을 구성하는 4개국 회사의 지분참여 비율

Rolls-Royce (영국) : 33%

MTU Aero Engines (독일) : 33%

Avio (이탈리아) : 21%

ITP (스페인) : 13%

- 유로레이더 컨소시엄 (Euroradar Consortium)

유로레이더 컨소시엄은 유로파이터 타이푼에 탑재되는 레이더를 설계, 개발, 생산하기 위하여 유로파이터 타이푼 제작에 참여한 유럽 4개국이 공동으로 설립한 회사이다. 독일의 Cassidian, 영국과 이탈리아의 SELEX Galileo, 그리고 스페인의 Indra가 참여하고 있다.

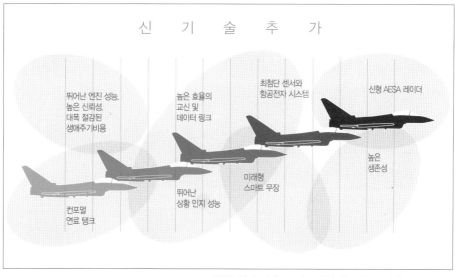

신 기 술 추 가

뛰어난 엔진 성능,
높은 신뢰성,
대폭 절감된
생애주기비용

높은 효율의
교신 및
데이터 링크

최첨단 센서와
항공전자 시스템

신형 AESA 레이더

높은
생존성

미래형
스마트 무장

컨포멀
연료 탱크

뛰어난
상황 인지 성능

개방형 설계 채택으로 유로파이터는 신기술 적용이 쉬워졌다.

유럽항공방위우주산업(EADS)

유럽항공방위우주산업, 즉 EADS(European Aeronautic Defence & Space Company)는 미국의 보잉과 선두를 다투는 세계 최대의 항공우주방위 사업체이다. EADS가 유로파이터 컨소시엄에 참여하는 업체는 아니지만 유로파이터와는 뗄 수없는 관계이다. 왜냐하면 EADS 산하에는 이 회사가 100% 지분을 소유하고 있는 4개 사업영역이 있는데, 그 중 하나가 카시디안(Cassidian)이기 때문이다. 그리고 카시디안 산하에 바로 유로파이터 프로그램을 담당하는 유로파이터 주식회사(Eurofighter Jagdflugzeug GmbH)가 자리잡고 있다.

EADS 산하의 4개 사업 영역을 보다 구체적으로 살펴보자면,
- 에어버스(Airbus) : A380 등의 민간 여객기와 군용 수송기 A400M 제작
- 아스트리움(Astrium) : 우주 로켓 제작 및 발사, 통신과 관측위성 제작
- 카시디안(Cassidian) : 무기, 군용 전자 시스템 개발 및 제작 (EADS Defence & Security가 Cassidian으로 명칭 변경). 카시디안 산하에는 미사일 개발, 제작 업체인 MBDA와 유로파이터 주식회사 등이 있다.
- 유로콥터(Eurocopter) : 민간 및 군용 헬기 제작

EADS는 또한 우주 발사체 업체인 아리안스페이스(Arianespace)의 대주주로서 지분 26.68%를 보유하고 있다.

유로콥터는 민간헬기 분야에서, 아스트리움은 인공위성 발사 분야에서 각각 세계 1위를 차지하고 있는 회사들이며, 카시디안의 MBDA는 미사일 분야에서 역시 세계 1위를 차지하고 있다. 또한 민간 항공기와 군용기 및 기타 무기 시스템 분야에서도 EADS는 에어버스와 유로파이터를 앞세워 미국의 록히드 마틴을 제치고 보잉과 세계 1위 자리를 다투고 있다.

EADS가 생산하는 제품들의 75%가 수출되며 매출의 절반 이상이 유럽 이외의 지역

• MK.16A는 견고한 탈출 조종석(Ejection Seat)
으로 높은 편의성을 제공할 뿐만 아니라 기내
산소 공급 장치, 화학물질 방어 장치 및 통신
시스템과 통합되어 있다.

에서 이루어지고 있다. EADS는 지난 2000년 독일의 Daimler Chrysler Aerospace
AG, 프랑스의 Aerospatiale Matra, 스페인의 CASA 등 3개 유럽 항공우주업체들이
통합하여 설립되었는데 현재 약 13만 2천 명의 직원이 근무하고 있으며 2011년 기
준 총 매출은 491억 유로이다.

유로파이터 타이푼 운용현황

유로파이터 프로그램은 유럽 국가들 간에 성공적으로 수행된 국방 협력 프로그램
으로서 2013년 1월 현재 719대가 계약되어 생산 중이며, 350여대가 인도되어 6개국
공군에서 운용 중이다. 지금까지 총 비행시간은 165,000 시간을 넘어섰다. 운용현황
에 대해 간단하게 알아보자.

▲▼ 2011년 1월 유로파이터는 총 10만 시간비행 기록을 달성하였다.

국가별 주문 및 운용 대수(2013년 1월 현재)

국가	총 주문 대수	운용 대수
독 일	180	68
이 탈 리 아	121	54
스 페 인	87	37
영 국	232	99
오 스 트 리 아	15	15
사 우 디 아 라 비 아	72	
오 만	12	
	총 719 대	

트렌치(Tranche)별 현황

트렌치	주문 대수	계약	수출
트렌치 1	148대	1998년9월18일	15대(오스트리아)
트렌치 2	236대	2004년12월14일	72대(사우디 아라비아)
트렌치 3	236대	2009년7월31일 (1차 112대 : 영국40, 독일31, 이탈리아21, 스페인20)	

유로파이터 타이푼 개발일지

1986	유로파이터 전투기 주식회사 설립(본사 : 독일 뮌헨)
1989	원형기(prototype) 제작 시작
1997	참여 4개국 '생산과 후속지원에 관한 양해각서' 체결
1998.1.30	참여 4개국 총 620대 구매합의
2004.여름	여름 초기 작전성능(IOC) 시험비행 완료
2005.12.15	미티어 미사일(METEOR BVR) 탑재 첫 비행
2006.5.4	첫 공대지 무장(GBU-16) 발사

2006.9.29	100번째 기체 인도
2007.2.15	Block 5 표준 기체 인증
2007.5.8	CAESAR 전자식 스캔 레이더 첫 비행
2007.7	오스트리아 첫 번째 유로파이터 인도
2008.7.1	타이푼 5개국 공군에서 비상긴급발진 임무 투입
	영국 공군 유로파이터를 다목적 전투기로 운용개시
2008.9.12	Block 8(Tranche 2) 승인
2008.10.10	Tranche 2 첫 기체 인도
2008.12	총 5만 시간 비행기록
2009.6	사우디 아라비아에 인도 시작
2009.7	Tranche 3 계약 서명(112대)
2009.9	오스트리아 기체 인도 완료
2009.11	200번째 기체 인도
2011.1	총 10만 시간 비행기록
2011.4	영국 BAE Systems, Paveway IV 및 유도폭탄 EGBU-16 시험성공
2011.7	총 11만 시간 비행기록
2011.8	리비아 공대지 작전 참가. 총 1,000 시간 출격
2012.12	미티어 미사일 발사성공
	총 16만 5천 시간 비행기록
2013.1	오만, 유로파이터 12대 주문(7번째 도입 국가)
	현재 6개 나라에 유로파이터 20개 비행대대에서 350여대 운용 중

제 5장
멀티-스월을 전투기,
유로파이터의 성능

호환성

한국 공군은 오랜 기간 주로 미국제 항공기들을 도입하여 운용하여 왔다. 그래서 일부에서는 유럽 전투기인 유로파이터 타이푼이 한국에 이미 도입된 전투기나 다른 장비들과 호환성에 문제가 있을 것이란 의문을 표시하기도 한다. 하지만 이는 기우에 불과하다. 유럽 4개국(영국, 독일, 이탈리아, 스페인)이 공동 개발한 이 전투기는 통신, 데이터 링크, 무장 등 공군 작전의 필수요소에 있어 나토 회원국인 미국을 비롯한 서방의 전투기나 함정, 지상 기지와 100% 작전 호환성을 갖는다. 2011년에 리비아에서 전개된 나토군의 연합작전에 유엔 안보리 비행금지구역이 선포된 즉시 유로파이터가 신속하게 참전한 사실이 이를 입증한다.

유로파이터 공동개발 4개국들은 북대서양조약기구(NATO) 회원국으로서 유럽연합군 최고사령부(SHAPE, Supreme Headquaters Allied Powers in Europe)의 지휘와 통제를 받는다. 이들 유럽 4개국이 공동으로 개발, 생산, 운용 중인 유로파이터 타이푼이 미국, 캐나다 등 북미의 나토 회원국들이 운용하는 다른 기종의 전투기들과 100% 호환되는 무장, 데이터 송수신, 데이터 링크 시스템 등을 갖추고 있다는 것은 지극히 당연한 일이다. 미국의 F-22, F-15, F-16, F-18 등의 전투기에 탑재되는 미사일과 정밀유도무기들은 그대로 유럽 전투기에도 장착이 가능한 것이다. 예를 들면, 한국이 현재 개발 중인 경전투기 FA-50에 탑재되는 데이터 링크 시스템인 Link-16은 미해·공군의 장비에는 물론 유로파이터 타이푼에도 그대로 탑재된다.

유로파이터 타이푼은 공동개발 4개국 뿐만이 아니라 오스트리아와 사우디아라비아도 구매하여 운용하고 있다. 72대를 구입해 일부를 인도받은 사우디아라비아 공군

편대 비행하는 유로파이터. 유로파이터는 미국 전투기와 100% 작전 호환성을 갖는다.

드롭연료탱크와 무장 장착하고 비행하는 유로파이터.
유로파이터에는 한국의 FA-50에 탑재되는 Link-16이 탑재된다.

의 경우 미국의 F-15도 함께 운용하고 있다. 또한 유로파이터 컨소시엄에 참가하고 있는 스페인 역시 유로파이터 타이푼과 함께 미국의 F/A-18을 운용하고 있다. 호환성이 보장되지 않는다면 이는 불가능한 일들이다.

멀티롤(multi-role)과 스윙롤(swing-role)

유럽 전투기 개발에서 멀티롤 개념은 유로파이터 타이푼에 앞서, 1960년대 말 여러 나라들이 토네이도(Tonado) 전투기를 공동 개발할 당시 처음 등장한 항공작전 개념이다. 당시에는 'Multi-Role Aircraft'의 약자로 'MRA'라고 불렀다. 사전적 의미에서 멀티롤 전투기란 공중우세를 확보하기 위한 공중전(aerial combat) 기능과 지상타격(ground attack) 기능을 동시에 수행할 수 있는 이중 성능을 지닌 다목적 전투기를 뜻한다. 스윙롤은 전투기가 출격하여 기지로의 귀환 없이 작전현장에서 임무를 바로 전환하여 새로운 작전에 투입되는 기능을 뜻한다.

이러한 기능을 모두 갖춘 유로파이터 타이푼은 공대공, 공대지, 공대함, 정찰 등 여러 종류의 작전을 한 대의 전투기로 소화해 낼 수 있다. 이는 그 동안 운용되어왔던 '목적별 전투기' 전체를 대체하는 것을 의미한다. 멀티롤/스윙롤 수행을 위해 유로파이터 타이푼은 우선 외부 무기장착점이 13개에 이르며, 이곳에 1,000 리터짜리 외부 연료탱크를 최대 3개까지 장착할 수 있다. 이를 통해 장거리 작전반경을 확보하여 언제든지 임무를 변경해 가며 다목적 작전에 투입될 수 있는 전투기이다.

- 공대공 임무
유로파이터 타이푼은 무엇보다도 탁월한 기동성을 바탕으로 공대공 전투에서 공중우세(air superiority)를 확보하기 위해 제작된 전투기다. 공중우세를 확보하기 위해 타이푼은 장거리 미사일과 단거리 미사일을 조합하여 어떤 상황에서도 공대공 미사일을 최소 6발을 장착하고 출격한다. 이 무장 조합은 물론 확장이 가능하다. 예를 들자면, 6발의 장거리 공대공 미사일과 2발의 단거리 공대공 미사일, 그리고 3개의 1,000

유로파이터는 무기장착점이 13개로,
다목적 작전 투입이 가능하다.

리터 외부 연료탱크의 장착이 가능하다.

- 공대지 임무

공대지(air-to-surface) 임무에는 공중차단(air interdiction), 근접항공지원(close air support), 대함공격(maritime attack), 그리고 적 방공망 억제 및 파괴(suppression and destruction of enermy air defenses) 등의 성격이 다른 임무들이 있다. 임무에 따른 무장을 살펴보면, 우선 공중차단 임무의 경우 4발의 레이저/GPS 유도폭탄, 3발의 장거리 공대공 미사일, 2발의 단거리 공대공 미사일, 27mm Mauser 기총 그리고 3개의 1,000 리터 외부 연료탱크의 장착이 가능하다.

- 근접항공지원

적의 탱크나 장갑차를 공격하는 근접항공지원의 경우 2발의 레이저/GPS유도폭탄, 3발의 장거리 공대공 미사일, 2발의 단거리 공대공 미사일, 4개의 공대지 로켓탄 발사기, 27mm Mauser 기총에 더해 1,000 리터 외부 연료탱크 1개의 장착이 가능하다.

이번엔 일 회 출격으로 두 가지 이상의 임무를 수행하는 스윙롤 작전의 예를 들어 보자. 스탠드오프(stand-off) 미사일 운용 시, 타이푼은 2발의 스탠드오프 미사일을 장착한 상태에서 공대공 임무를 위해 최대 8발의 공대공 미사일(장거리 공대공 미사일 4발과 단거리 공대공 미사일 4발)을 장착하고 출격할 수 있다. 여기에 27mm Mauser 기총과 1,000 리터 외부 연료탱크를 또한 장착한다. 이러한 무장장착 상태에서 출격한 타이푼은 공대지 혹은 공대공 임무를 수행한 후, 무장변경이나 연료 재투입을 위한 기지로의 귀환 없이 바로 다른 작전에 투입될 수 있다.

스윙롤 작전은 타이푼이 뛰어난 무장능력을 갖추고 있기에 가능하기도 하지만, 이와 더불어 지상 및 공중의 작전 데이터 통합 시스템을 갖춘 전자전 시스템의 효율적 활용도 뒷받침되어야만 가능한 것이다. 타이푼에는 이러한 전자전 수행을 위한 최신 항공전자 기술과 최신의 센서 융합 기술이 적용되어 있다. 또한 스윙롤 작전의 가장 큰 장점 중 하나는 작전 비용의 효율적 사용이다. 하나의 전투기 기종으로 여러 작전

스윙롤 작전은 타이푼이 뛰어난 무장능력을 갖추고 있기에 가능하기도 하지만, 이와 더불어 지상 및 공중의 작전 데이터 통합 시스템을 갖춘 전자전 시스템의 효율적 활용도 뒷받침되어야만 가능한 것이다.

을 수행할 수 있기에 비용을 획기적으로 절감할 수 있는 것이다.

아울러 타이푼의 스윙롤을 언급하면서 빠뜨릴 수 없는 것이 긴급발진 능력(QRA, quick reaction alert)이다. 타이푼은 대단히 민첩한 전투기로서 700m 활주로에서 단 8초 만에 이륙을 할 수 있다. 또 타이푼은 공대공에서 공대지로 혹은 그 역으로 임무를 전환할 경우 소요되는 시간이 45분밖에 걸리지 않는다. 임무전환 없이 연료와 무장을 재충전할 경우에는 두 명의 지상근무 요원이 단 15분 만에 재충전을 완료할 수 있다.

스텔스 성능

유로파이터의 스텔스 성능을 알아보기 전에 먼저 전투기에서 스텔스 기능은 무엇을 의미하는지 짚어보자

큰 의미에서 스텔스란 적에 의한 아군 항공기 탐지시간이 지연되도록 하는 모든 기능을 일컫는다. 좁은 의미로는 레이더와 같은 탐지장비에 항공기의 형체가 작게 나타나도록 하는 기술을 의미한다. 이를 저탐지 기술, 영어로는 low observable(LO) technology라고 한다.

이러한 기술에는 우선 적이 발사하는 레이더 파에 대한 반사 각도를 조절하여 다른 방향으로 유도하도록 기체 외형을 설계하는 기술. 두번째로는 레이더파 자체를 흡수하는 특수물질(RAM, radar absorbent material)을 사용하여 레이더 반사면적(RCS, radar cross section)을 줄이는 기술이 대표적이다. 반사되는 레이더 파의 양을 줄이거나 각도를 조절하기 위해서는 F-117이나 F-22 전투기 등에서 보듯이 기체설계를 처음부터 특수하게 해야 하며, 아울러 무장과 보조 연료탱크를 외부에 장착할 수 없게 된다. 이에 따라 작전반경과 무장탑재능력에 제한을 받게 된다. 따라서 작전반경과 무장능력을 온전히 유지하기 위해서는 기체 크기가 비대해지고, 강한 추력이 필요해져 상당히 큰 엔진을 장착해야 한다.

스텔스 항공기에는 치명적인 결점이 있다. 바로 가격과 유지비용이다. 미국 공군은 F-22를 애초에 800대 이상을 주문할 예정이었다. 하지만 결국 187대로 생산을 그

▲▼ 스윙롤이란 전투기가 출격하여 기지로의 귀환없이 작전현장에서
바로 임무를 전환하여 새로운 작전에 투입되는 기능이다.

유로파이터 타이푼은 스텔스 형상보다는 기동성에 더 많은 중점을 두고 설계되었다.
하지만 그렇다고 스텔스 기능을 완전히 포기한 것은 아니다. 오히려 우수한 기동성과 무장능력이
전자전 시스템과 조화를 이룬 균형잡힌 설계를 통해 전투기 생존성을 높였다.

치고 생산라인을 철거하였다. 이는 스텔스기를 만든다는 것이 개발, 생산, 유지와 보수 등 모든 단계에서 엄청난 비용이 든다는 것을 보여준다. 또 하나의 전형적인 예는 B-2 스텔스 폭격기이다. 이 폭격기 한 대의 가격은 거의 30억 달러인데, 이 가격은 제한적 스텔스 기능을 갖춘 B-1B 폭격기의 12대 가격에 해당한다. B-2 폭격기의 초기 소요는 132대였지만 비용상승으로 인하여 21대 생산에 그쳤다.

또한 스텔스 기능을 유지하기 위한 램 도료 역시 정기적인 점검과 보수가 세심하게 이루어져야 하는데, 이 과정 역시 많은 시간과 비용이 소요된다. 램 도료는 매우 민감한 물질이며 악천후 등의 상황에서는 제 성능을 발휘하지 못하곤 한다. 스텔스 기능을 유지하기 위해 감수하여야 하는 느린 속도, 고고도 비행 불가, 제한된 무장 탑재량 등의 약점을 제외하고서도 스텔스에 과도한 비중을 둔 전투기들은 항공역학을 희생한 대가로 많은 연료를 소비할 수밖에 없다.

전투기는 많은 무장을 한 채 마하 1.5 이상의 고속, 고고도 기동을 해야만 한다. 전투기도 비행체이기 때문에 비행원리와 이를 충족시키는 기체구조의 항공역학적 한계를 갖는다. 한계를 넘으면 모든 비행체는 조종불능 상태에 빠진다. 또 전투기는 어떤 상황에서도 적의 공중 및 대공 탐지와 선제공격으로부터 생존성을 확보해야만 한다. 이러한 이중의 조건을 극복하기 위한 전투기는 설계부터 치열한 전투를 벌여야 하는 것이다.

유로파이터 타이푼은 스텔스 형상보다는 기동성에 더 많은 중점을 두고 설계되었다. 하지만 그렇다고 스텔스 기능을 완전히 포기한 것은 아니다. 오히려 우수한 기동성과 무장능력이 전자전 시스템과 조화를 이룬 균형잡힌 설계를 통해 전투기 생존성을 높였다. 유로파이터 타이푼은 레이돔 부분과 조종석 전면, 그리고 델타익 전면부 등에 램 도료를 발라 레이더 반사를 줄였다. 또한 엔진의 수퍼크루즈 성능을 통해 재연소 없이 초음속 비행이 가능해짐으로 해서 열적외선 방출을 줄였다. 또한 PIRATE(passive infra-red airborne tracking equipment)와 DASS(defensive aids sub-system)로 불리는 자체 방어시스템을 갖추고 있어 스텔스기 못지않은 생존성을 확보하고 있다.

공대공 미사일을 장착한 유로파이터

- 기체형상 및 레이더 파 흡수물질

유로파이터 타이푼의 기체는 흔히 스텔스 디자인으로 간주되는 지그재그식 예각

형상을 갖추고 있지 않다. 대신 공기흡입구(air intake), 케노피(canopy), 그리고 전면

유리 부분(windshield)에 스텔스 기술을 적용하여 모든 방향에서 레이더 반사를 최소

화하도록 디자인 되었다. 그러면서도 낮은 유체저항이나 높은 양력 같은 기체역학적

균형을 충족시키도록 설계되었다. 이를 통해 적은 양의 레이더 신호만을 반사하는 기

체는 첨단성능의 전자전 시스템과 맞물려 유로파이터 타이푼을 탁월한 생존성을 지

닌 전투기로 탄생시켰다.

유로파이터 엔진은 수퍼크루즈가 가능하다.

- 패시브 모드(전자기파 비노출형)의 전자-광학 센서들

유로파이터 타이푼은 적외선 탐지 및 추적 장치인 IRST(infra-red search and track), 패시브 레이더 시스템, 차세대 장거리 공대공 미사일인 ALRAAM(advanced long range air-to-air missile), 첨단 단거리 공대공 미사일인 ASRAAM(advanced short range air-to-air missile) 및 헬멧 조준 시스템 등을 갖추고 있다. 이들 다양한 장비를 통해 아군 조종사는 적기를 먼저 탐지, 식별, 타격할 수가 있다. 동시에 유로파이터 타이푼에는 적외선 전방 주시 장치인 FLIR(forward looking infra-red)와 야간 투시 장치가 탑재되어 있다. 이들 장비 덕분에 조종사는 주야간을 불문하고 어떤 기상조건 하에서도 자신의 존재를 노출시키는 전파를 발신하지 않으면서 지상의 적을

유로파이터 조종사들은 완벽할 정도로 "조용하게" 전투기를 조종할 수 있다.

먼저 탐지하고 타격할 수 있다.

- 반삽입식 BVRAAM

BVRAAM(beyond visual range air-to-air missile. 사거리가 가시거리를 넘어가는 장거리 공대공 미사일)은 세미 컨포멀(semi-conformal), 즉 반삽입식으로 장착됨으로써 스텔스 성능에 일조한다. BVRAAM은 본체 밑에 4발 장착이 가능하다.

- 수퍼크루즈 성능

엔진 재연소 없이도 급가속 능력과 초음속 상태를 유지할 수 있는 수퍼크루즈

(supercruise) 성능을 통해 유로파이터 타이푼은 높은 기동력과 아울러 적에게 탐지될 가능성을 낮춘다. 보다 자세한 내용은 다음 장의 엔진 부분에서 다루도록 하겠다.

- 안전한 송수신

모든 무선 신호는 전투기의 존재와 위치를 노출시킨다. 그러나 유로파이터 타이푼은 음성을 통해서 정보를 수신할 수 있으며 동시에 목표물 정보와 같은 데이터를 데이터 링크 형태로 받을 수 있어 무선 송수신을 피할 수 있다. 또한 전투기 간에 이루어지는 송수신 역시 데이터 링크를 통해 획득하기 때문에 자연히 무선 교신의 필요성을 최소화할 수 있다. 기체 내부와 온보드(on-board) 시스템 설계에 탑재되어 있는 이러한 기능들은 조종석의 지원을 받음으로써 조종사는 명료한 전술 영상을 얻을 수 있고 순간적으로 기체로부터 발생하는 전파를 통제할 수 있다. 유로파이터 타이푼 조종사는 완벽할 정도로 전투기를 "조용하게" 조종할 수 있는 것이며, 작전 임무 수행 내내 함께 작전에 투입된 아군의 다른 전투기들과는 물론이고 자체 내의 패시브 센서들 사이에서도 목표물 정보 등을 주고받을 수 있다.

- 자체방어 시스템 DASS (defensive aids sub-system)

DASS는 유로파이터 타이푼의 핵심 자체방어 시스템이다. 적의 지상 대공방어망 및 공중방어로부터 전투기의 생존성을 확보하는 것은 전투기의 핵심기능 중 하나이다. 전투기가 외부상황을 모니터하고 모니터된 위협에 대응하는 전체적인 전자전 방어시스템을 유로파이터 타이푼에서는 DASS로 지칭된다. DASS는 기체 내부에 장착되어 있으며 전자동화된 다중 위협 응답 시스템을 통해 조종사에게 공대공 및 공대지 위협들에 대한 전방위 평가를 제공한다. 전자동 시스템 이외에 보조 수동 장치도 이용가능하다. 방어 시스템은 여유 공간과 확장 가능한 컴퓨팅을 통해 미래의 위협에 대비한 지속적인 개량 시스템을 탑재할 수 있고, 이를 통해 유로파이터 타이푼의 생존성을 극대화시킬 수 있으며 전체적인 작전 효율성을 최대로 끌어올릴 수 있다.

실전 검증된 전투기 '유로파이터 타이푼'
영국 공군의 리비아 전장 보고서 〈Operation in Libya〉

98%의 명중률 자랑한 영국 공군

2011년 2월 리비아 벵가지에서 일어난 반(反)카다피 시위에서 시작된 리비아 내전은 3월 미국, 영국, 프랑스가 주축이 된 북대서양조약기구(이하 NATO)의 개입으로 국제적인 분쟁으로 확산되었다. NATO군의 지원을 받은 리비아 반군은 그 해 10월 20일, 리비아의 독재자 카다피를 시르테에서 사살함으로써 리비아 내전은 일단락되었다.

영국 국방부는 2012년 1월 영국 하원 국방위원회에 리비아 내전에서 영국군 활동에 대한 분석 보고서 〈Operation in Libya〉를 제출했다. 영국 하원의 요구에 의해 작성된 200페이지짜리 보고서에는 영국 공군과 해군의 리비아 내전 활동이 자세히 기록되어 있다.

냉전 종식 이후 새로운 첨단 무기로 무장한 영국 공군과 해군의 21세기 첫 실전이었던 리비아 내전에서의 작전에 대한 〈Operation in Libya〉 보고서에 따르면, 영국은 토네이도 GR4 전폭기 16대, 타이푼 6대, 공격헬기 5대, 공중급유기와 정찰기 등 32대의 항공기와 8척의 군함을 포함한 2,300명의 병력을 리비아에 투입했다.

리비아에 실전 투입된 유로파이터 타이푼

리비아 전역에서 영국 공군의 주력으로 활동한 전투기는 바로 유로파이터 타이푼과 토네이도 전폭기이다.

이 가운데 영국 공군의 최신형 전투기인 유로파이터는 영국 공군에 배치된 직후 주로 본토와 포클랜드 제도의 방공 임무를 수행해왔다. 이 과정에서 4,500비행시간 동안 엔진교환을 필요로 하지 않아 기체의 신뢰성에 높은 평가를 받아왔다.

〈Operation in Libya〉 보고서에 따르면 2011년 3월 17일, 유엔이 리비아 내 반정부 시위대 보호를 위해 비행금지구역을 설정하는 내용을 담은 결의안 1973호를 통과시키자 영국 공군은 유로파이터 타이푼 전투기 6대를 이탈리아 남부로 파견했다.

유로파이터 전투기가 이탈리아에 전개하는데 소요된 시간은 18시간. 이탈리아 남부에 도착한 유로파이터 가운데 2대는 도착 즉시 비행금지구역 초계에 들어갔고, 이러한 비행임무는 2011년 9월 유로파이터 전투기가 영국 본토로 철수할 때까지 계속되었다.

공중 초계나 지상군 지원 등과 같은 작전 임무는 1주일 내내 끊이지 않았고, 하루에 4번씩 출격하는 경우도 빈번했다. 이렇게 임무를 수행하기 위해서는 강도 높은 전폭기 정비가 필요한데, 유로파이터는 불과 31명의 인력으로 정비소요를 충족시켰다.

리비아 전장으로 출격하는 유로파이터

공대지 임무 성공적으로 수행한 유로파이터

2011년 3월 31일, 리비아 일대의 방공망이 모두 제압되자 유로파이터의 임무는 지상지원으로 전환되었다. 이 당시 리비아에 투입된 유로파이터 파일럿들은 1년 넘게 공대지 임무 훈련을 받지 못했다. 따라서 리비아 전역에서의 임무 변경은 파일럿과 정비인력들에게 중대한 변화였다.

그러나 유로파이터의 높은 작전 유연성 덕분에 파일럿들은 두 번의 시뮬레이션 비행만으로도 지상군 지원 임무에 필요한 능력을 숙지할 수 있었다.

〈Operation in Libya〉 보고서에서는 유로파이터의 가장 큰 특징으로 높은 무장탑재량과 기동성을 꼽았다. 변수가 많은 비행환경에서 유로파이터 타이푼은 다른 전투기에 비해 상대적으로 적은 연료를 사용하면서 구름층보다 더 높은 40,000 피트 상공을 공대공 미사일 4발, 1,000 파운드 폭탄 4발, 타게팅 포드와 보조 연료탱크 2개를 탑재한 채 비행할 수 있었다.

덕분에 더 오랜 시간 비행할 수 있었고, 공중급유 횟수도 다른 기종에 비해 적었다. 이외에도 〈Operation in Libya〉 보고서는 유로파이터의 장거리 레이더와 Link-16 데이터링크 시스템이 작전에 큰 도움을 주었다고 평가했다.

장거리 레이더와 Link-16 데이터링크 시스템은 파일럿들에게 작전 구역에서 일어나는 일에 대한 정보를 정확하고 신속하게 제공했으며 NATO 소속 동맹국 전투기들과의 합동작전, 악천후 상황에서 공중급유기와의 랑데부, 지휘통제센터로부터 정보를 받아 다른 전투기의 무장 시스템에 정보를 전달하는 등의 임무를 성공적으로 수행했다.

〈디펜스 21⁺〉 박수찬 기자

▲ 초계 비행하는 유로파이터　▼ 리비아 전장의 영국 공군 유로파이터

▲ 리비아 출격을 대기하는 유로파이터　▼ 출격을 대기하는 유로파이터

완벽한 임무 완수를 위한 성능들

성능 개량을 위한 설계
- 견고한 기체 설계
- 설계 변경이 가능한 플랫폼
- 신기술 추가 프로그램

데이터 링크
- 안정성을 갖춘 고성능 정보 분배 시스템

센서 융합
- 조종사에게 통합된 외부 영상 제공
- 조종사는 전투에 전념
- 조종 업무 경감

항공전자 시스템
- 고성능 통합 시스템
- 모듈 테크놀로지
- 전체적인 전술 상황에 대한 신속한 접근

IRST / FLIR
- 비밀 작전을 위한 패시브 모드의 공대공 탐지 및 추적
- 목표 확보 및 식별
- 저고도 야간비행

추진 시스템
- 안전과 시스템 여유를 고려한 쌍발 엔진
- 탁월한 추력 대 중량비
- 수퍼크루즈 성능
- 낮은 연료 소모율

조종석 / HMI(휴먼-머신 인터페이스)
- 360도 전방위 시야 확보
- 전체 유리 조종석
- 헬멧 디스플레이와 VTAS
- 고도의 통합 및 자동화 시스템

비행 제어 시스템
- 초간편 조종
- 인위적 안정화 기능
- 4중 디지털 플라이-바이-와이어 시스템

자체 방어 장치들
- 내부에 장착
- 전방위 방어 우선순위 결정
- 단일 및 다중 위협에 대한 전자동 응답
- 견인식 미사일 기만장치 장착

유틸리티
- 7대의 분산된 프로세서와 이중 데이터버스를 통합 운영하는 디지털 시스템
- 편대 운용의 유용성
- 조종 업무 경감

레이더
- 다목적, 다중 모드 CAPTOR 레이더
- 고출력, 광범위 탐지 성능
- 확장된 탐지 및 추적 볼륨
- 현존 동종 레이더 중 최고 성능

스윙롤
- 신속한 공대공, 공대지 임무 전환
- 어떤 임무에서도 최소 6발의 공대공 미사일 장착

무장장착
- 탄력적 작전 운용과 전투 응전력
- 13개소의 넓은 하드포인트
- 내부 장착된 27미리 마우저 기총
- 적은 항력과 낮은 레이더 크로스 섹션
- 반삽입식 BVRAAM 미사일 장착

공기 흡입구
- 기체 하부
- 높은 각도의 공격 및 측면 기동 시 고기동성 발휘

낮은 피탐지성
- 기체 형상 설계, 흡수 물질과 코팅
- 엔진 컴프레서 은닉
- 수퍼 크루즈 기능
- 반삽입식 BVRAAM 미사일 장착
- 패시브 전자광학 센서
- 안전한 교신

제6장
최첨단 전자시스템 전투기, 유로파이터의 장비

1. 엔진 EJ200

유럽의 최신 고성능 군사용 터보팬 엔진인 EJ200은 유로파이터 타이푼의 두 가지 성능, 멀티롤과 수퍼크루즈 성능 확보를 최우선시하여 설계되었다. 타이푼은 EJ200 엔진 두 기를 탑재한다. 효율의 극대화와 유지비용의 최소화에 중점을 둔 설계개념이 적용된 이 엔진은 다음과 같은 특징이 있다.

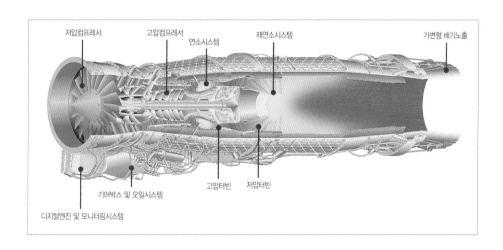

최신 엔진 설계 개념의 적용

유로젯이 개발한 EJ200 엔진은 15%까지 성능을 개량할 수 있는 잠재성을 갖추고 있다. 압축 시스템 개량과 핵심 엔진 기술에 대한 최신 개량 등을 통해 엔진 추력을 최대 30%까지 올릴 수 있다. 엔진은 추력 증대와 함께 운용 주기 내에서 발생하

EJ200 엔진은 효율의 극대화와 유지비용 최소화에 중점을 두어 설계되었다.

는 경비를 줄일 수 있도록 설계되었는데, 이러한 탄력성은 작전 요구에 부합되는 진일보한 엔진의 모든 장점들을 극대화시키는 첨단 디지털 엔진 통제 모니터링 시스템 (DECMU)의 도입으로 가능해진 것이다. EJ200 엔진 개발 당시 유로젯 엔지니어들은 다음과 같은 점을 설계에 반영하였다.

- 공대공 우세(air-to-air combat superiority)
- 고속 요격(hign-speed interception)
- 일반 및 재연소 작전 시의 고성능 발휘와 일반 연소시의 수퍼크루즈 성능
- 성능개량이 가능한 개방형 설계

EJ200 엔진은 추력 중량비가 탁월하다.

- 자동 조종(carefree handling throughout an extensive flight envelope)
- 높은 신뢰성과 유지보수의 용이성(기존 전투기에 비해 엔진을 떼어내어 수리해야 하
  는 정비주기가 반으로 줄어듦)
- 탁월한 추력 중량비
- 낮은 연료소모

수퍼크루즈(supercruise) 성능

대부분의 항공기들은 초음속 비행을 위해 흔히 애프터버너(afterburner)라고 불리

는 재연소(reheat) 기능을 사용한다. 재연소가 필요한 엔진은 배기기관 부위에서 발생하는 낮은 압력 때문에 연료소모가 비효율적이라는 단점이 있다. 수퍼크루즈 성능이란 항공기가 재연소 없이 초음속 순항이 가능한 능력을 말하는데, 이러한 성능을 갖춘 엔진은 연료효율이 매우 높다. 이는 항공기가 그 만큼 적은 연료를 소비한다는 의미가 되고, 따라서 항공기 자체의 무게를 줄이는 효과를 가져와 전투기 설계 시 기체를 경량화 할 수 있게 된다. 이에 더하여 재연소 없이 초음속을 내는 수퍼크루즈 성능은 전투기가 적에게 탐지될 확률을 낮춰준다. 엔진이 재연소될 때에 많은 양의 레이더파와 적외선을 발생시키는데, 타이푼의 엔진 EJ200은 이들의 방출량을 억제해 전투기의 스텔스성을 높여준다.

전 세계적으로 수퍼크루지 성능을 지닌 엔진은 그리 많지 않다. EJ200 엔진 이외에 미국 F-22 전투기에 탑재되는 Pratt & Whitney F119, 스웨덴 JAG 39 Gripen NG에 장착되는 General Electric F414G, 프랑스 다쏘 라팔의 M-88 엔진만이 수퍼크루즈 성능이 있다. 그리고 현재 러시아가 개발 중인 Suhoi PAK FA 전투기와 러시아와 인도가 공동 개발하는 Sukhoi/HAL FGFA(Fifth Generation Fighter Aircraft)에 장착될 예정인 러시아의 AL-41 엔진 역시 수퍼크루즈 성능을 갖고 있는 것으로 보인다.

추력편향 테크놀로지 TVT (thrust vectoring technology)

유로파이터 타이푼 엔진 EJ200은 구조를 단순화시킨 앞선 설계기술을 적용하였으며, 중량대비 추력에서 최고의 효율성을 발휘한다. 현재까지 1,500 대 이상이 생산, 공급되어 신뢰성이 입증되었다. 위에서 언급한 바와 같이 설계단계에서부터 염두에 둔 성능향상 프로그램에 따라 추력 향상과 추력 편향 기술(TVT)이 추가하였다.

TVT는 이미 1995년 스페인의 ITP와 독일의 MTU가 참여하여 연구하기 시작하였으며, thrust vectoring nozzle (TVN) 개발과 full 3D thrust vectoring 기술이 시현기 제작 등을 거치면서 성공적으로 개발이 완료되었다. 엔진 배기구에 360도 조

EJ200 엔진에는 추력편향 기술이 적용되었다.

종이 가능한 노즐을 장착하여 전투기의 조종 가능성을 높이고 추력 향상을 도모하는 TVT 기술은 전투기가 고고도에서 고기동성을 확보하는데 긴요한 기술이다.

이전에 개발된 TVT는 2차원 작동만이 가능하였는데 반해 타이푼의 TVT는 요 기동(yaw, 수평 좌우 기동), 핏치 기동(pitch, 상하 기동), 롤 기동(roll, 수평 상하 기동) 등이 모두 가능하게 되었다. 전투기 기동은 일반적으로 주 날개 끝에 장착된 리딩엣지(leading edge)와 꼬리날개로 이루어지는데, TVT는 엔진 배기구에 장착된 노즐을 이용해 보다 신속하게 전투기를 제어해 주는 기술이다. 이 덕분에 타이푼의 전투력은 획기적으로 향상되었다. 특히 저속에서도 엔진 추력을 높게 유지할 수 있게 됨으로써 급가속과 급상승이 필요한 고기동성 확보에 TVT가 필수적인 장치이다.

또한 TVT는 단거리 이착륙 시에도 요긴하게 쓰인다. 동절기 작전이나 결빙된 활주로를 이용하는 경우에는 전투기의 안정성과 작전 효율을 높여준다. TVT 덕분에 타이

TVT는 전투기가 고기동성을 확보하는데 필수적 기술이다.

푼의 활주거리가 약 20% 정도 짧아졌으며 무장 탑재력이 높아졌다.

이와 아울러 TVT는 엔진의 연료효율에도 기여하여 이륙 시 2%, 수퍼크루즈 가동 시 7%의 추력 향상 등 평균 3%에 이르는 연비 향상을 가져왔다. 참고적으로 한국의 F-X 3차 사업에 제안된 3개 기종 중에서 유로파이터 타이푼이 유일하게 TVT가 적용된 엔진을 장착하고 있다.

엔진 제원	
전장 (overall length)	4 m (157 in)
추력 대비 중량비(high engine thrust weight ratio)	~10 : 1
압력비 (overall pressure ratio)	26 : 1
바이패스 비율 (bypass ratio)	0.4
흡입구 직경 (inlet diameter)	0.74 m (29 in)
최대추력 (dry thrust)	60 kN (13,500 lbf)
최대추력(재연소) (thrust with reheat)	90 kN (20,000 lbf)

2. 신소재

유로파이터 타이푼의 동체는 15%만이 금속 재료(알루미늄과 티타늄 등)로 제작되었고 나머지 85%는 탄소섬유를 비롯한 신소재로 만들어졌다. 이러한 신소재 채택 덕분에 타이푼의 동체(airframe) 무게와 크기는 기존 전투기에 비해 10-20% 가량 줄었으며, 엔진 역시 30% 정도 가볍게 만들 수 있었다. 타이푼에 적용된 신소재를 보다 구체적으로 살펴보면,

탄소복합섬유 (CFCs : carbon fiber composites) 70%

유리강화 플라스틱 (GRP : glass reinforced plastic) 12%

기타 3%

이러한 전폭적인 신소재 채택과 그로 인한 기체 크기와 무게 감소를 통해 타이푼은 고기동성을 확보하고 레이더파 반사율을 경감시킬 수 있었다. 무엇보다도 이들 신소재 덕분에 경량설계를 이룰 수가 있어 기존 전투기에 비해 획기적인 연료절감을 꾀할 수 있게 된 것이다.

신소재 채택으로 유로파이터의 무게와 크기가 크게 줄었다.

3.전자전 체계

유로파이터 타이푼의 전자전 체계는 조종사가 각 비행단계에서 필요한 모든 정보를 조종석에서 얻을 수 있도록 설계되었다. 이는 컨벤셔널(high-speed conventional, MIL-STD-1553, MIL-STD-1760)과 광섬유 데이터버스(fiber-optic databuses, STANAG 3910), 링크된 고분산 컴퓨팅 기능을 통해 가능해졌다. 또한 이 시스템은 앞으로 컴퓨팅 파워의 신속한 성능개량을 최대한 보장하도록 설계되었다.

- 센서 융합 (sensor fusion)

유로파이터 타이푼의 전자전 시스템은 조종사가 어떤 비행단계에서도 필요한 모든 정보를 조종석에서 얻을 수 있도록 설계되었다. 특히 타이푼 전자전 시스템의 핵심은 항공기에 탑재된 여러 센서들이 각각 수집한 정보를 통합 처리하는 센서 융합(sensor fusion) 기능이다. 다기능 정보분배 시스템(MIDS, multifunctional information & distribution system)을 통해 전투기의 외부에서 수집된 정보와 전투기 내부의 개별 센서들(레이더, IRST, DASS 등)이 수집한 정보들이 서로 융합되어 조종사에게 전달된다.

따라서 조종사는 1회 출격으로 여러 임무를 전환 수행하는 스윙롤 환경에서도 안전하고 효율적인 전투기 운용이 가능하다. 이로 인해 조종사가 고도의 자율성을 지님으로써 전체적인 전술상황을 인식, 파악하면서 위협에 더욱 효과적으로 대응할 수 있게 된다. 또한 손쉬운 버튼 조작과 음성입력 기능을 통해 필요한 장치들을 운용할 수 있어 복잡한 전장 환경에서 조종사는 임무부담을 줄이고 작전 자체에 보다 충실할 수 있다.

유로파이터 전자전체계는 필요한 모든 정보를 조종석에서 얻을 수 있다.

유로파이터 타이푼의 중요 센서들은 다음과 같다.

전자식 레이더 (Captor-E AESA / CAESAR)

적외선 탐지 및 추적 장치 (IRST, infra-red search & track)

전자 광학 목표탐지 시스템 (EOTS, electro-optic targeting system)

다기능 정보분배 시스템 (MIDS, multifuctional information & distribution system)

방어 서브 시스템 (DASS, defensive aids sub-system)

피아 식별 장치 (IFF, identification friend/foe)

그럼 이들 센서들을 보다 구체적으로 보자면,

유로파이터 AESA 레이더는 탐지각이 200도나 된다.

- AESA 레이더, Captor-E

유로파이터 타이푼의 AESA* 레이더는 유로레이더 컨소시엄이 개발한 Captor-E 인데, CAESAR(Captor active electronically scanned array radar)라고 불리기도 한다. 이 레이더는 안테나를 경사판(swash-plate)에 장착함으로써 기존 AESA 레이더들이 갖고 있던 탐지각의 한계를 극복, 조사(照射) 범위가 200도나 된다. 이는 기존 전투기

* AESA 레이더 (active electronically scanned array radar)

'능동 전자주사식 위상배열 레이더' 또는 '능동형 전자식 스캔 레이더'라고 불리는 AESA 레이더는 전파를 쏘고 받는 안테나(송수신 모듈, TRM)가 고정된 레이더를 말한다. 기존 의 기계식 레이더가 접시나 평판 모양의 안테나를 기계적으로 움직여 목표를 탐색했던 것 과 달리 AESA 레이더는 전자적으로 전파의 방향을 바꾸면서 탐색을 한다. 따라서 그 만 큼 레이더의 구조가 간단해 신뢰성이 높으며, 기계식 레이더보다 크기도 줄어들기 때문 에 전투기의 경량화에도 도움이 된다. (서울신문 2010년 9월 9일 "전투기용 신형 AESA 레이더 공개" 참조)

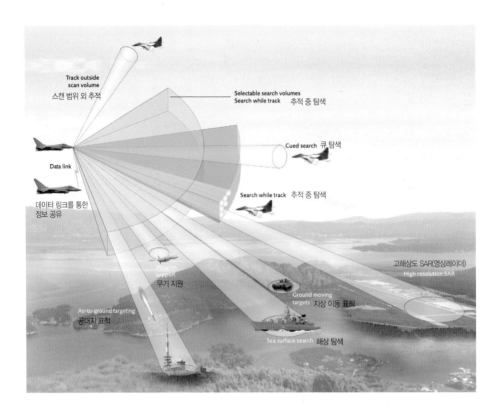

에서는 볼 수 없는 각도인데, 미국 F-22 전투기 레이더의 조사범위는 이보다 80도 좁은 120도 밖에 되질 않는다. 또한 Captor-E 레이더의 송수신 모듈 갯수는 1,425개로 일반 AESA 레이더의 모듈 수 1,000여개에 비교하면 성능이 뛰어남을 알 수 있다.

Captor-E 레이더는 최대 탐지거리가 200 km 이상이다. 또한 기존에 타이푼 전투기가 사용했던 기계식 도플러 레이더인 Captor-M을 전면적으로 재설계하지 않고서도 바로 업그레이드가 가능하다는 장점이 있다. 따라서 기존 레이더의 기계식 안테나와 고출력 송신기는 큰 어려움 없이 전자식 안테나와 1,425개 독립 송수신 모듈을 갖춘 Captor-E로 대체될 수 있다.

Captor-E는 다기능 정보분배 시스템인 MIDS(multifunctional information & distri-bution system)와 통합되어 운용된다. IRST를 이용한 적외선 탐색과 추적정보 및 항법정보 등 각종 정보를 수집해 하나로 통합, 공유하는 센서 융합(sensor fusion)

유로파이터는 센서융합을 통해 사각지대없는 대공망 구축이 가능하다.

기능을 통해 사각지대 없는 대공방공망을 구축할 수 있다. 더욱이 4대로 구성된 편대를 이루어 작전에 나설 경우에는 모든 공중영역을 탐지할 수 있기에 VLO(very low obervability) 급의 스텔스기도 포착이 가능해진다.

여기다가 공중조기경보통제기나 지상 레이더 혹은 이지스 함정의 도움을 받는다면 이른바 미래의 네트워크 전장에서 스윙롤 개념의 무장 시스템과 어울려 막강한 전투력을 발휘할 수 있다.

Captor-E 레이더는 또한 자체 전투기가 발사한 미사일을 유도, 통제할 수 있다. 이것이 바로 유로파이터 타이푼이 갖고 있는 절대 공중우세 개념이며 "Nothing Comes Close"라는 유로파이터 타이푼의 모토는 여기서 나온 것이다.

무인기 시대가 도래하여 유인기와 무인기의 합동작전이 대세를 이룰 미래의 전장에서는 조종사와 전투기의 생존성이 단순히 스텔스 기능에 의해서만 좌우되지는 않을 것이다. 오히려 전투기의 전자전 네트워크와 무장 탑재량 등에 의해 더 많이 좌우될 것이다. 그리고 일회 출격으로 공대공과 공대지 작전을 동시에 수행할 수 있는 스윙롤 성능이 더해질 때 그 전투기는 미래 전장을 주도할 수 있을 것이다. Captor-E AESA 레이더는 초계 및 정찰, 공대지 및 공대공 작전, 그리고 무장 제어 등에서 향상된 성능을 보이며 멀티롤을 넘어서 스윙롤 전투기로 자리매김한 타이푼의 작전능력을 더욱 향상시키고 있다.

- 적외선 센서 PIRATE (passive infra-red airborne tracking equipment)

유로파이터 타이푼에는 수동형 적외선 센서인 PIRATE가 탑재된다. PIRATE는 적외선을 통해 위협 및 타격 목표물을 인식, 추적하는 장치들인 IRST(infra-red search & tracking, 적외선 탐색 및 추적 장치)와 목표물의 적외선 이미지를 제공해주는 FLIR(forward looking infra-red, 전방감시 적외선 장치)를 통합 운용한다.

PIRATE는 타이푼의 레이더를 보완함으로써 항공 전자 시스템에 보다 많은 정보를 제공하게 된다. IRST 모드에서의 수동형 공대공 목표 탐지 및 추적 성능은 전체적으로 비밀추적 기능을 통해 발휘된다. PIRATE IR 센서는 또한 공대지 작전수행 시 요

유로파이터의 적외선 센서 PIRATE

구되는 지상과 목표물의 이미지를 보여주는 전방 탐지 적외선(FLIR, forward looking infra-red) 시스템을 통해 공대지 작전을 지원한다.

앞에서도 이야기 하였듯이 미국의 F-22 랩터의 경우 스텔스 성능 확보를 위한 과도한 비용지출로 인하여 처음 계획에 들어가 있던 IRST 장착을 결국 포기하였다.

- 방어 시스템 DASS (defensive aids sub-system)

DASS는 외부환경을 모니터하고 이에 대응한다. DASS는 기체 내부에 장착되어 있으며 전자동화된 다중 위협 응답 시스템을 통해 조종사에게 공대공 및 공대지 위협들에 대한 전방위 평가를 제공한다. 전자동 시스템 이외에 보조 수동 장치도 이용 가능하다. 방어 시스템은 여유공간과 확장 가능한 컴퓨팅을 통해 미래의 위협에 대비한 지속적인 개량 시스템을 탑재할 수 있다. 이를 통해 유로파이터 타이푼의 생존성을 극대화시킬 수 있으며, 전체적인 작전 효율성을 최대로 끌어올릴 수 있게 된다. DASS를 구성하는 주요 장비를 살펴보자.

1. 전방 레이더 경고장치 (laser warner)
2. 전방 미사일 경고장치 (missile warner)
3. 플래어 방출장치 (flare dispenser)*
4. 채프 방출장치 (chaff dipenser)**
5. ESM / ECM 장치 (wing tip ESM/ECM pods)***
6. 후방 레이저 경고장치 (rear laser warner)
7. 후방 미사일 경고장치 (rear missile warner)
8. 사출식 기만장치 (towed decoy)****

* 플래어 방출장치 : 강한 적외선을 내는 불꽃을 방출하여 열/적외선 추적 미사일을 다른 곳으로 유도
** 채프 방출장치 : 얇은 알루미늄 조각 등을 살포하여 레이더 파를 반사시킴으로써 레이더 추적 미사일을 다른 곳으로 유도
*** ESM (electronic warfare-support measure) : 적기로부터 방출되는 전자기적 에너지를 포착, 방출점을 추적하여 적기의 위치를 파악, 위협에 대응하는 전자전 장치/ECM (electronic counter-measure) : 적의 미사일 방향을 유도, 목표로부터 이탈시키는 대전자전 장치
**** 사출식 기만장치 : 미사일 기만체(decoy)를 방출하는 장치

▲▼ 후방 미사일 경고 장치

오른쪽 주날개 끝에 달려있는 사출식 견인 미사일 기만 장치

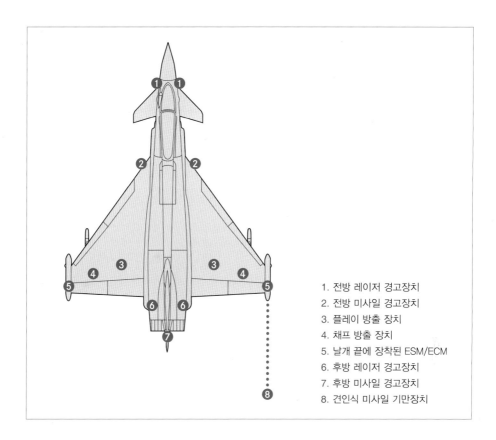

1. 전방 레이저 경고장치
2. 전방 미사일 경고장치
3. 플레어 방출 장치
4. 채프 방출 장치
5. 날개 끝에 장착된 ESM/ECM
6. 후방 레이저 경고장치
7. 후방 미사일 경고장치
8. 견인식 미사일 기만장치

- 사출식 견인 미사일 기만 장치 (towed decoy)

사출식 견인 미사일 기만 장치는 현재 우리나라의 차세대 전투기 도입사업(F-X)에 제안된 3개 기종의 전투기 중 오직 유로파이터 타이푼에만 장착되어 있는 미사일 방어 시스템이자 대전자전 시스템의 일부이다. 적의 레이더와 미사일에 대한 능동 방어 장치로서 기만 장치와 온보드 통제 시스템으로 구성되어 있다. 레이더 재밍 역할도 수행하는 이 장비는 미국 보잉의 F/A-18 E/F 수퍼 호넷에도 장착되어 있다. 타이푼과 수퍼 호넷 모두 영국 BAE Systems의 제품을 탑재한다. 이미 여러 차례 이야기 했듯이 BAE Systems는 유로파이터 컨소시엄의 영국측 대표 주관회사이다.

물론 채프(chaff)나 플래어(flare) 등도 적의 미사일로부터 전투기를 능동적으로 방어해주지만, towed decoy가 있으므로 해서 타이푼은 방어망을 한 겹 더 두른 셈이

유로파이터의 자동조종 장치는 조종사가 여유를 가질 수 있게 해준다.

되는 것이다. 전투기의 방어능력 그 자체에 더하여 조종사에게 심리적 안정감을 주는 역할도 한다.

- 정보 분배 시스템 MIDS (multifunctional information & distribution system)

MIDS는 통신 시스템으로서 명령과 통제 시스템의 모든 요소들에게 동일 정보를 공유하도록 하고, 정보가 필요할 때 어느 때고 정보를 제공한다. 유로파이터 타이푼의 조종사들은 작전 중 어느 방향에서도 아군과 적군의 관련 정보를 듣고 볼 수 있으며 명령을 내리고 작전임무를 변경할 수도 있다. 타이푼은 이 모든 정보를 흡수할 수 있으며 이후 센서 융합 기능을 통해 정보를 가공하여 조종사에게 해당 전장에 관한 이미지를 제공한다.

- 전자탐지 시스템 EOTS (electro-optic targeting system)

최신 전자광학 센서 기술을 이용한 목표 탐색, 인식 및 식별 성능은 단독작전 및 합동작전 시 목표 지정을 돕는 레이저 추적 시스템에 의해 보강된다. 미래의 항공전자와 무장 시스템을 갖추도록 설계된 유로파이터 타이푼은 이미 미래의 탐색 및 추적 센서들을 통합할 수 있는 능력을 갖추고 있다. IRST/FLIR와 같은 기능을 갖춘 타이푼의 다양한 작전성능은 미래 전장에서 핵심을 차지한다.

- 자동조종 시스템 (autopilot)

유로파이터 타이푼의 자동조종 장치는 전투기의 운항 시는 물론이고 전술상황에서도 조종사가 여유를 가질 수 있게 해준다. 자동조종 기능은 항로 및 방향 설정, 고도 및 속도 설정은 물론 조종사에게 자동으로 최적의 공격 프로그램을 제공해 준다. 조종사는 이 기능을 통해 자동 고도상승, 자동 공격, 자동 근접기능과 같은 최신 모드들을 이용할 수 있다. 이 자동조종 시스템은 조종사의 전술통제에 통합되어 있다.

- 운항 시스템 (navigation features)

• 자동 지형추적(automatic terrain following)

유로파이터 타이푼은 100 피트 이하의 초저고도에서 레이더 망을 피해가며 비밀작전을 자동으로 수행할 수 있다. 타이푼의 각종 신호가 3D 입체지도(3D situational awareness)를 생성, 제공하여 안전한 작전수행을 돕는 것이다.

• 네비게이션 보조장치들(navigation aids)

유로파이터 타이푼은 GPS, 관성 항법장치(INS, inertial navigation system)는 물론 개별위성 추적채널과 디지털 인터페이스를 구축하고 있다.

• 착륙 보조장치들(landing aids)

이들 장치들로는 계기화된 착륙 시스템(ILS, instrumented landing system), 극초단파 착륙 시스템(MLS, microwave landing system), 그리고 글로벌 네비게이션 위성 시스템(global navigation satellite system) 등이 있다.

4. 조종석

유로파이터 타이푼의 조종석은 단좌기 운용 시의 조종사의 모든 요구를 충족시킬 수 있도록 설계되었다. 조종사의 고난도 임무를 분석한 뒤 우선순위가 지정되고 자동으로 수행되도록 재조정된다.

- 헬멧 디스플레이 장치 (HMD, helmet mounted display)

조종사의 헬멧에 전투정보가 표시됨으로써 신속한 상황인식이 가능해진다.

- 5개의 디스플레이 화면

3개의 다기능 헤드다운 디스플레이(MHDD, multi-function head-down displays), 1개의 헤드업 디스플레이(HUD, head-up display), 1개의 헬멧 디스플레이(HMD,

유로파이터 조종석은 임무분석 후 우선순위를 지정해준다.

유로파이터는 조종사의 부담을 줄여 단좌기 작전의 효율성을 높여준다.

helmet mounted display)로 이루어진 5개의 주화면은 조종사에게 필요한 모든 정보를 제공해 준다. HMD에는 야간 시야 향상 시스템(NVE, night vision enhancement)이 통합되어 있어 주야간 불문하고 전투수행 능력을 발휘할 수 있다. 또한 아래에서 설명할 VTAS(voice throttle & stick)를 통해 조종사의 조종 부담을 경감시켜 단좌기 작전의 효율성을 보다 높여준다.

- voice throttle & stick (VTAS)

조종사는 HOTAS(hand on throttle & stick)와 음성 입력장치인 DVI(direct voice input)를 통해 전장환경에서 각종 임무를 경감할 수 있고 작전 자체에 보다 충실할 수 있다.

HOTAS : 조종 스틱과 쓰로틀에 여러 조작 버튼을 장착함으로써 조종사가 급박한 상황에서도 조종 스틱과 쓰로틀에서 손을 떼지않고 전투기를 조작할 수 있다. HOTAS로 조작할 수 있는 기능들은 기체 조종, DASS 운용, 목표물 조정, X/Y 커서 콘트롤 등이다.

DVI 즉 음성 입력 시스템은 조종사의 음성을 인식해 데이터로 입력하거나 필요한 명령을 실행할 수 있다. DVI로 조작하는 기능은 매뉴얼 데이터 입력, 다기능 헤드다운 디스플레이(MHDD) 선택 및 조작, 무선 주파수 선정 및 운항 루트 조작, 목표물 선정, 편대 내 다른 조종사들에게 정보전달 등을 할 수 있다.

5. 유로파이터 타이푼 주요제원

구 분	제 원
날개 길이 wing span	10.95 m (35.11 ft)
날개 면적 wing area	50 m^2 (538 ft^2)
전장 length	15.96 m (52.4 ft)
전고 height	5.28 m (17.4 ft)
기체중량 basic mass empty	11,000 kg (24,250 lb)
최대 이륙 중량 maximum take-off weight	23,500 kg (51,809 lb)
최대외부탑재중량 maximum external load	75,000 kg (16,535 lb)
무장 장착점 hardpoints	13 (주날개 밑 8개 + 동체 밑 5개)
기총 gun	27 mm canon Mauser BK-27
상승고도 service ceiling	〉16,700 m (55,000 ft)
G 한계 G limit	+9 / -3
최고 속도 maximum speed	Mach 2.0
엔진 power plants 최대 추력 dry thrust 재연소 최대추력 thrust with afterburner 수퍼크루즈 성능 supercruise	EJ200 turbofan 쌍발 60kN (13,500 lb) 90kN (20,000 lb) Yes
레이더 radar 탐지거리 detection range 탐지각 field of view	Captor-E AESA 200 km+ 200도(현존 최고)
작전운용 형태	멀티롤 / 스윙롤(현존 유일)
작전 반경 combat radius	1,850 km
항속 거리 ferry range	3,790 km
작전 거리 combat range	2,900 km
방어 시스템 defense system	DASS (defensive aids sub-system) - 4개(전후방 각각 2개)의 레이저 및 미사일 접근 경고 장치 - 견인식 사출 미사일 기만 장치 (towed decoy)

제7장
하늘의 작은 헤라클레스,
유로파이터의 무장

공대공 무장

유로파이터 타이푼은 저고도, 고고도, 아음속, 초음속, 어떤 상황에서도 세계 최고의 탁월한 기동성을 발휘하며, 전투기가 수행하는 모든 작전의 출발점인 공대공 전투에서 공중우세를 확보하고 있다.

공중우세 개념은 모든 전투기에 요구되는 가장 기본적인 임무인데, 유로파이터 타이푼은 마하 4급의 공대공 미사일 미티어(Meteor), AESA 레이더, 센서 융합 기능이 있는 전자전 시스템을 갖추고 있어 단순한 우세가 아니라 공중 지배형(Air Supremacy) 전투기로 인정받고 있다.

유로파이터 타이푼은 유럽 국가들이 공동으로 생산하여 운용하고 있는 최초의 멀티롤 개념 전폭기인 토네이도의 뒤를 잇는 차세대 전투기이다. 유로파이터 타이푼의 계약서 상 구매자는 네트마(NETMA, NATO Eurofighter and Tornado Management Agency)이다. 4개국 국방부의 협의체인 이 기구의 이름에서 알 수 있듯이, 유로파이터는 처음부터 향후 전개될 미래의 전장환경을 고려하여 멀티롤 개념을 뛰어넘는 스윙롤 개념으로 설계된 기종이다.

유로파이터 타이푼은 설계 당시부터 향후 개발될 새로운 시스템을 통합할 수 있는 모듈화된 설계를 채택했고, 아울러 각 국가의 서로 다른 작전 운용요구를 충족시킬 수 있도록 개방형 설계 개념에 입각해 제작된 전투기이다.

제1단계 생산 과정인 트랜치 1에서는 전투기에 요구되는 모든 작전 성능의 기본 출발점이 되는 공중 지배에 중점을 두었고, 이어 원래의 계획대로 트랜치 2, 3 생산 단계에서부터는 새로운 공대지 미사일 시스템, AESA 레이더를 중심으로 한 전자전 시

유로파이터는 단순히 공중우세가 아닌 '공중지배형' 전투기다.

공대공 무장을 한 유로파이터

스텔, 함재기 버전과 추력편향 기술, CFT 추가, 통합 스텔스 기술들을 함께 장착해나가며 스윙롤 전투기를 생산, 실전 배치하기 시작했다.

공중 지배

공중 지배를 확보하기 위하여 유로파이터 타이푼은 초음속의 BVR 미사일과 아음속의 WVR 미사일을 조합하여 어떤 상황에서도 최소 6발을 장착하고 출격한다. 최대 10기까지 확장이 가능하다. 이 무장 탑재량은 훨씬 크고 무거운 기체인 F-22 랩터의 탑재량과 동일한 것이며 6기에서 최대 10기까지 탑재되는 공대공 미사일에는 능동형 레이더 추적 및 이중 신관 성능을 갖춘 MBDA의 덕티드 엔진 미사일인 미티어(Meteor)도 포함될 예정이다.

유로파이터 타이푼은 공중 지배에 필요한 세 가지 측면에서 모두 가장 우수한 능력을 보유하고 있다. 바로 탁월한 전자시스템, 전투기의 고기능성, 뛰어난 무장능력이다. 공중 지배가 목적인 경우 유로파이터 타이푼은 6발의 BVRAAM과 4발의 SRAAM의 미사일 조합을 장착할 수 있는 유일한 전투기이다. 13개소의 하드포인트 중 나머지에는 1,000 리터짜리 외부 보조 연료통이 탑재된다.

공대지 무장

공대지 작전을 언급할 때 가장 먼저 염두에 두어야 할 것은 전투기 단독으로 작전에 임하는 경우가 거의 없다는 점이다. 군사 매니아들이 전투기를 비교하면서 범하는 가장 흔한 실수가 바로 이것인데, 대부분의 군사 매니아들은 전투기를 마치 자동차처럼 기체 대 기체로 일대일 비교를 하곤 한다.

전투기는 편대를 이루어 출격하며 이 중 한 대 혹은 두 대는 전자전 시스템과 데이터 링크를 통해 나머지 전투기들을 보조하는 역할을 하기도 한다. 나아가 전투기 편대는 공중조기경보기나 폭격기 등과 함께 공대지 작전에 나간다.

공대지 전투에는 공중우세(Air Interdiction), 근접 공중 지원(Close Air Support), 대함 공격 작전(Maritime Attack), 적 방공망 제거 및 파괴(Suppression and Destruction of Enemy Air Defences) 등 성격이 다른 전투들이 있다.

유로파이터 타이푼은 이 모든 작전을 1회 출격으로 수행할 수 있는 스윙롤 전투기이다. 유로파이터 타이푼은 13개소의 외부 무장 장착점을 통해 현존하는 전투기들 중 최대 무장을 탑재할 수 있다. 2011년 리비아 합동작전에서도 입증되었듯이, 유로파이터 타이푼은 페이브웨이(Paveway) IV 정밀유도폭탄과 대전차 미사일인 브림스톤(Brimstone)을 장착하고 출격하여 실전에서 뛰어난 공대지 성능을 발휘했다.

공중우세 및 격추 시의 무장을 보면 4기의 레이저/GPS 유도폭탄, 3기의 BVRAAM, 2기의 SRAAM, 27mm Mauser 기총 과 3개의 1000 리터 연료 탱크로 구성된다. 적의 탱크 및 장갑차를 파괴하는 경우가 대부분인 근접 공중 지원의 경우, 2기의 레이저/GPS 유도폭탄, 3기의 BVRAAM, 2기의 SRAAM, 27mm Mauser 기총, 1개의

유로파이터 타이푼은 여러 임무를 1회 출격으로 수행할 수 있는 스윙롤 전투기이다.
유로파이터 타이푼은 13개소의 외부 무장 장착점을 통해 현존하는 전투기들 중 최대 무장을 탑재할 수 있다.

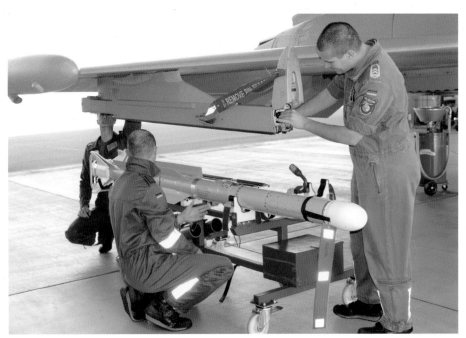

독일 공군의 무장사들이 IRIS-T 단거리 공대공 미사일을 유로파이터에 장착하고 있다.

1,000 리터 연료 탱크, 4개의 공대지 로켓탄 발사기 등을 탑재할 수 있다.

스윙롤 무장과 스탠드오프 미사일

유로파이터 타이푼은 1회 출격으로 두 가지 이상의 작전 임무를 동시에 수행할 수 있는 유일한 전투기이다. 가장 대표적인 스윙롤 작전인 스탠드오프 미사일 운용 시 타이푼은 2기의 스탠드 오프 미사일을 장착한 상태에서 공대공 임무를 위해 무려 8발의 공대공 미사일(4 BVRAAM, 4 SRAAM)을 장착하고 출격한다. 여기에 27mm Mauser 기총과 1,000 리터 연료 탱크도 장착한다.

이 무장상태에서 공대공 혹은 공대지 임무를 우선 수행하고 무장 변경이나 연료 재투입을 위해 기지로 귀환하지 않은 채 바로 다른 작전에 투입된다. 스윙롤 작전은 유로파이터 타이푼 자체의 우수한 폭장 능력 덕분에 가능하지만 지상 및 공중의 작전

스윙롤 작전은 유로파이터의 우수한 폭장능력 덕분에 가능하다.

긴급 발진하는 유로파이터. 유로파이터는 700m 활주로에서 8초만에 이륙할 수 있다.

데이터 통합 시스템을 갖춘 전자전 시스템의 효율적 활용도 뒷받침되어야만 가능하다. 유로파이터 타이푼에는 이러한 전자전 수행을 위한 최신 항공전자 기술과 최신의 센서 융합(Sensor Fusion) 기술이 적용되어있다.

경비 절감과 긴급 발진에 최적화된 전투기

유로파이터 타이푼의 성능 가운데 다른 전투기들이 따라올 수 없는 스윙롤 작전의 가장 큰 장점 중 하나는 작전 경비의 효율적 사용에 있다. 하나의 기종으로 모든 작전을 수행할 수 있어, 경비를 획기적으로 절감할 수 있는 것이다. 유로파이터 타이푼의 스윙롤을 언급하며 빠뜨릴 수 없는 것이 QRA(Quick Reaction Alert), 즉 긴급발진 작전이다. 유로파이터 타이푼은 700m 활주로에서 단 8초 만에 이륙하는 놀라운 민첩성을 보이는 전투기이다.

또한, 유로파이터 타이푼은 재보급을 위해 지상에 착륙한 후 공대공에서 공대지로 혹은 그 역으로 임무 전환을 하는 경우, 45분밖에 걸리지 않는 가장 신속한 임무 전환이 가능한 기종이다.

임무 전환 없이 연료와 무장을 재충전할 때에는 두 사람의 지상 근무요원에 의해 단 15분 만에 모든 재충전이 완료된다. 스윙롤 작전이 가능한 유로파이터 타이푼은 이 15분과 45분마저 아낄 수 있는 전투기인 것이다. 유로파이터 타이푼이 긴급 발진과 긴급 사태 발발에 대응할 수 있는 최적의 전투기임을 알 수 있다.

유로파이터 타이푼의 제원

기체 Airframe

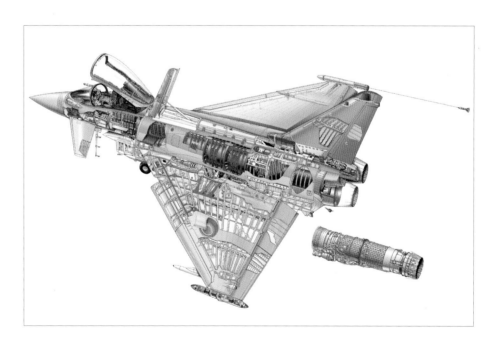

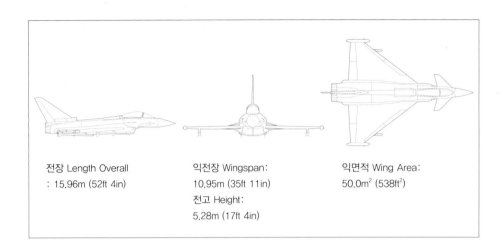

전장 Length Overall
: 15.96m (52ft 4in)

익전장 Wingspan:
10.95m (35ft 11in)
전고 Height:
5.28m (17ft 4in)

익면적 Wing Area:
50.0m² (538ft²)

중량 Mass

기체 순 중량 Mass Empty	11,000 kg (24,250 lb)
최대이륙중량 Maximum Take-off	〉23,500 kg (51,809 lb)
최대탑재중량 Maximum External Load	〉7,500 kg (16,535 lb)

설계 제원 Design Characteristics

쌍발 단좌/쌍발 복좌 Single seat twin-engine, with a two-seat variant	
무장 장착점 Weapon Carriage	하드포인트 13개소
G 리미트 G limits	+9/-3 'g'
실용 기체 운용 연한 In-service life	25년/6,000시간 비행

엔진 제원 Engine Characteristics

엔진 Power Plants	2기의 재연소 터보팬 유로젯 EJ200
최대 추력 max dry thrust class	기당 60 kN (13,500 lb)
최대 추력(재연소) max reheat thrust class	기당 90 kN (20,000 lb)
수퍼크루즈 성능 Supercruise capability	

성능 제원 General Performance Characteristics

최고상승고도 Ceiling	〉 55,000 ft (16,764 m)
마하 1.5에서 고도 35,000피트 도달시간	
Brakes off to 35,000 ft / Mach 1.5	〈 2.5 minutes
이륙시간 Brakes off to lift off	〈 8 seconds
저고도에서 초음속 도달 시간	
At low level, 200Kts to Mach 1.0	30 seconds
최고속도 Maximum Speed	Mach 2.0
활주로 소요거리	
Operational Runway Length	〈 700m (2,297 ft)
순항거리 Ferry Range	3,790 km (2,300 nmi)
작전거리 Range	2,900 km (1,840 nmi)
작전반경 Combat Radius	
- 공중방어 (10분간 공중대기) :	1,390 km (750 nmi)
- 공중방어 (3시간 전투초계) :	185 km (100 nmi)
- 지상공격, 고고도-저고고-고고도 :	1,390 km (750 nmi)
- 지상공격, 저고도-저고도-저고도 :	601 km (325 nmi)

소재 Materials

탄소복합소재 CFC	70%
유리섬유강화플라스틱 GRP	12%
금속 Metal	15%
기타 Other	3%

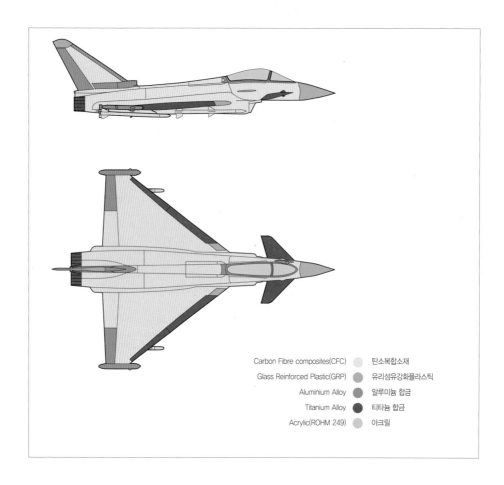

Carbon Fibre composites(CFC)		탄소복합소재
Glass Reinforced Plastic(GRP)		유리섬유강화플라스틱
Aluminium Alloy		알루미늄 합금
Titanium Alloy		티타늄 합금
Acrylic(ROHM 249)		아크릴

유로파이터 타이푼의 무장 능력

- 유로파이터 타이푼, 한 대의 전투기로 모든 임무 수행

유로파이터 타이푼은 공대공, 공대지, 공대함, 정찰 등 모든 작전 임무를 수행하는 멀티롤(다목적), 스윙롤 개념의 전투기이다. 이를 위해 타이푼은 다음과 같은 무장 장착력과 기능을 갖추고 있다.

• 탄력적 작전 운용과 다양한 전장 응전력
• 13개소의 하드포인트

- 내부 장착된 27mm 마우저 기총

- 낮은 공기 항력과 낮은 RCS(레이더 반사면적, Radar Cross Section)

- 반삽입식 BVRAAM 미사일(가시거리외 공대공 미사일) 탑재

- 유로파이터 타이푼의 탑재 무장

　Free-fall bombs(1,000 파운드급) 자유낙하 폭탄(1,000 파운드급)

　IRIS-T 적외선 영상시스템 / 추력편향조절 단거리 공대공 미사일

　Hope 고성능 유도 관통탄

　Paveway II

　((E)GBU-16, UK Paveway II, Paveway IV) 페이브웨이 II

　((스페인) GBU-16, 영국 페이브웨이 II, 페이브웨이 IV)

　Paveway II(GBU-10) 페이브웨이 II(GBU-10)

　AARGM (Advanced Anti-Radiation Guided Missile) 대 레이더 유도미사일

　TAURUS 타우러스 장거리 순항 미사일

　Laser Designator Pod 레이저 조준 포드

　Supersonic fuel tank 초음속용 1,000 리터 연료탱크

　LDP/RECCE 레이저 조준/정찰 포드

　Storm Shadow 스톰섀도우 공중발사 순항미사일

　RECCE Pod 정찰 포드

　HOSBO 고성능 정밀 유도 관통탄

　1,500 litre fuel tank 1,500 리터 연료탱크

　Brimstone 브림스톤 공중발사 대전차미사일

　RBS-15F RBS-15F 장거리 파이어앤포겟 대함미사일

　Meteor 미티어 중장거리 공대공 미사일

　AMRAAM 암람 중거리 공대공 미사일

　Sidewinder AIM-9L 사이드와인더 단거리 공대공 미사일

Eurofighter Typhoon.

Free-fall bombs
(1000 lb class)

IRIS-T

HOPE

Paveway II ((E)GBU-16,
UK Paveway II, Paveway IV)

AARGM

Paveway II (GBU-10)

Taurus

Laser Designator Pod

One Aircraft, Any Mission

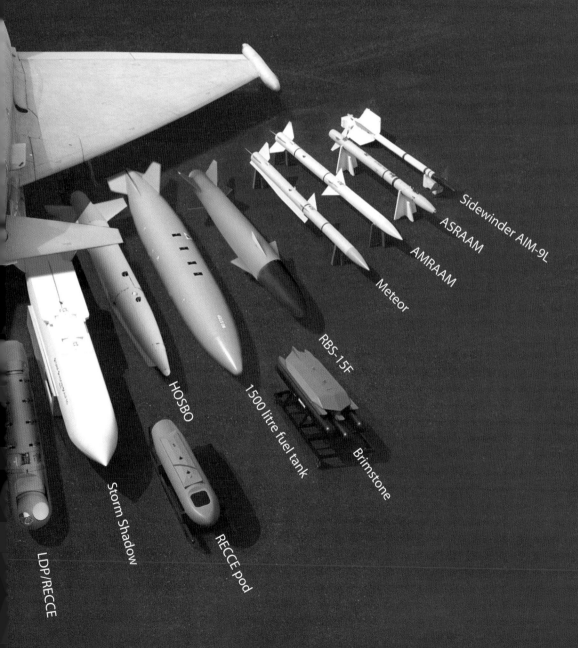

Sidewinder AIM-9L

ASRAAM

AMRAAM

Meteor

RBS-15F

Brimstone

1500 litre fuel tank

HOSBO

Storm Shadow

RECCE pod

LDP/RECCE

Supersonic
1000 litre fuel tank

- 유로파이터 타이푼의 임무별 무장 유형

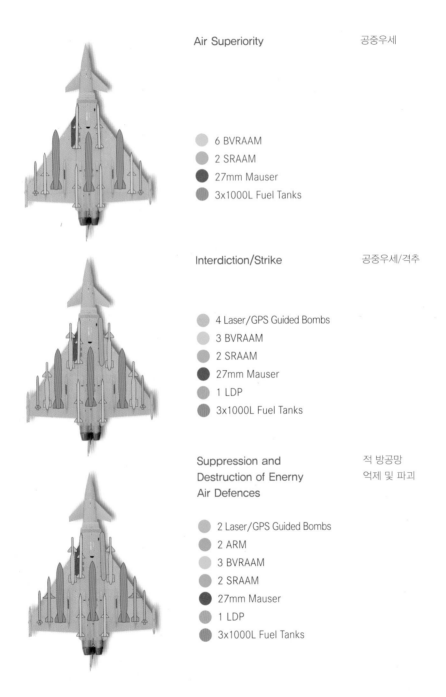

Air Superiority   공중우세

- 6 BVRAAM
- 2 SRAAM
- 27mm Mauser
- 3x1000L Fuel Tanks

Interdiction/Strike   공중우세/격추

- 4 Laser/GPS Guided Bombs
- 3 BVRAAM
- 2 SRAAM
- 27mm Mauser
- 1 LDP
- 3x1000L Fuel Tanks

Suppression and   적 방공망
Destruction of Enerny   억제 및 파괴
Air Defences

- 2 Laser/GPS Guided Bombs
- 2 ARM
- 3 BVRAAM
- 2 SRAAM
- 27mm Mauser
- 1 LDP
- 3x1000L Fuel Tanks

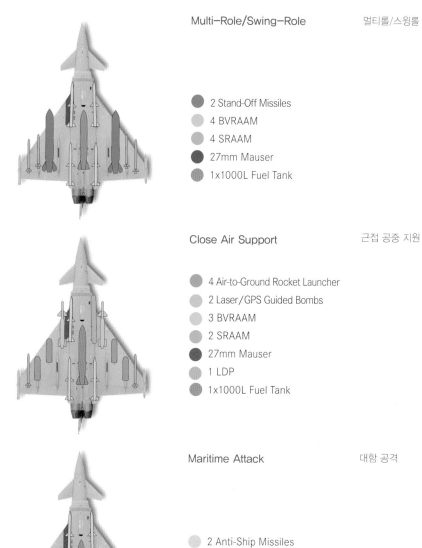

Multi-Role/Swing-Role   멀티롤/스윙롤

- 2 Stand-Off Missiles
- 4 BVRAAM
- 4 SRAAM
- 27mm Mauser
- 1x1000L Fuel Tank

Close Air Support   근접 공중 지원

- 4 Air-to-Ground Rocket Launcher
- 2 Laser/GPS Guided Bombs
- 3 BVRAAM
- 2 SRAAM
- 27mm Mauser
- 1 LDP
- 1x1000L Fuel Tank

Maritime Attack   대함 공격

- 2 Anti-Ship Missiles
- 4 BVRAAM
- 4 SRAAM
- 27mm Mauser
- 1000L Fuel Tank

유로파이터 타이푼의 100% 작전 호환성

보잉, 록히드 마틴 등 미국 항공사들은 자국의 전투기들이 한국에 기 도입된 전투기나 기타 장비들과 100% 호환성을 갖추고 있음을 강조하면서 유럽 전투기들은 호환성이 부족한 것처럼 암시하곤 한다. 이 암시는 100% 허위 광고다. 타이푼은 우리나라가 보유한 전투기들과 100% 호환되기 때문이다.

유럽 주요 4개국인 영국, 독일, 이탈리아, 스페인이 공동 개발한 유로파이터 타이푼은 통신, 데이터 링크, 무장 등 공군 작전의 필수 요소에 있어 같은 나토 회원국인 미국을 비롯한 모든 서방 진영의 전투기나 함정, 지상 기지와 100% 작전 호환성을 갖고 있다. 최근 중동의 리비아에서 전개된 나토군의 연합 작전에 유엔 안보리 비행금지구역 선포가 발효되는 즉시 유로파이터가 신속하게 참전한 사실이 100% 작전 호환성을 잘 입증해 준다.

유로파이터 타이푼은 유럽 4개국 이외에도 오스트리아와 사우디 아라비아 등에서도 구매하여 운용하고 있다. 군사적 중립국 지위를 표방하는 오스트리아와 중동의 사우디 아라비아를 제외한 유럽 4개국은 NATO(North Atlantic Treaty Organization), 즉 북대서양조약기구 회원국들로서 유럽연합전력최고사령부(SHAPE, Supreme Headquarters Allied Powers in Europe)의 군사적 지휘와 통제를 받는다.

NATO는 대서양을 사이에 두고 있는 서방 국가들의 국제 정치, 군사 조직으로서 북미대륙의 미국과 캐나다도 나토 회원국이다. 대서양을 중심으로 북미대륙과 유럽이 동일한 군사적 행동을 취할 수 있는 것이며 무장, 데이터 링크를 비롯한 통신체계 등에 있어 100% 호환성을 갖추고 있음은 두말할 나위가 없다. 또한 NATO 회원국인 아닌 오스트리아도 유럽연합(EU) 회원국으로서 공통된 안보 방위 개념과 전략을 갖고 있다.

원래는 구 소련을 중심으로 한 동구권 국가들의 집단방위조약인 바르샤바 조약기구에 맞서는 성격을 갖고 있었던 NATO이지만, 베를린 장벽 붕괴 이후 1999년에는 폴란드, 체코, 헝가리 등 구 동구권 국가들이 NATO에 가입했고, 이어 2004년에는 불가리아, 에스토니아, 라트비아, 루마니아, 슬로바키아, 슬로베니아 등 구 소련 국가들과 크로아티아, 알바니아 등 발칸 지역 국가들도 NATO에 가입해 현재 모두 28개국의 회원국을 거느리고 있다.

프랑스의 경우 원래 NATO 주요 회원국이었고 NATO 본부도 파리에 있었으나, 독자적 핵 정책을 추진하고자 했던 드골 정권 하에서 회원국 지위는 유지했으나 1966년 NATO 통합군에서는 탈퇴했고 미국도 프랑스에 주둔하던 군대를 철수시켰다. 유럽 공동 차세대 전투기 개발 프로그램에서도 프랑스는 자국 항공산업의 기술적, 산업적 우위를 확보하기 위해 독자 노선을 주장하며 개발에 나서 라팔(Rafale) 전투기를 개발 생산하고 있다.

유럽 4개국이 공동으로 개발, 생산, 운용 중인 유로파이터 타이푼이 미국, 캐나다 등 북미의 같은 NATO 회원국들이 운용 중인 타 기종들과 100% 호환되는 무장, 데이터 송수신, 데이터 링크 시스템 등을 갖추고 있다는 것은 지극히 당연한 일인 것이다. 미국의 F-22, F-15, F-16, F-18 기종에 탑재되는 모든 미사일과 정밀 유도 무기들은 그대로 유럽 전투기들에도 장착이 가능한 것이다. 한국이 개발 중인 FA-50에도 탑재되는 데이터 링크(Link-16)는 미 해, 공군은 물론 유로파이터 타이푼에도 그대로 탑재된다.

2011년 리비아 합동 작전 등 여러 차례에 걸친 미국과 유럽의 국제 합동작전이 이러한 유럽 전투기와 미국 전투기들 사이의 100% 호환성을 일러주는 예들이며, 유로파이터 타이푼 72대를 구입해 이미 인도 받기 시작한 사우디 아라비아가 미 보잉의 F-15를 구입한 사례도 완벽한 작전 호환성을 일러준다. 또한 유로파이터 컨소시엄에 참가하고 있는 스페인은 유로파이터 타이푼과 함께 F/A-18을 운용하고 있다. 호환성이 보장되지 않는다면 이는 불가능한 일들이다.

미티어(METEOR) 미사일

사정거리 100Km, 스텔스기 잡는 미사일 미티어

- 미티어 미사일의 특징 :

• 전세계 어떤 미사일도 따라올 수 없는 공중 지배, 램젯 성능

• 이탈존이 없는 최적화된 시스템

• 100km 이상의 사거리

• 마하 4를 넘는 속도

스텔스기 잡는 마하 4의 미사일 '미티어' (Meteor)

미국, 러시아, 중국, 유럽, 일본, 한국 등 전세계 주요 방산업체에서 스텔스 전투기 개발 붐이 일고 있다. 하지만 각국은 스텔스기 자체 외에 스텔스기를 잡는 다양한 레이더 전자 시스템과 차세대 미사일 개발도 서두르고 있다. 창과 방패의 이 대결은 데이터 링크와 센서 퓨전 등을 통한 네트워크 전이 될 앞으로의 전장에서 무인기와 레

이저 무기 등의 개발과 맞물려 치열한 기술 경쟁을 예고하고 있다.

가장 먼저 실용화된 대 스텔스전 무기는 램젯 기술을 적용한 덕티드 로켓(Ducted Rocket) 미사일이다. 스텔스 전투기도 어쩔 수 없이 엔진에서 적외선을 방출하며 이런 이유로 재연소 없이 초음속 순항이 가능한 수퍼크루즈 성능이 중요하다. 대부분 미래형 전투기들은 IRST(적외선 탐색 추적 장치) 같은 적외선 센서와 고기동 적외선 유도 미사일을 기본으로 장착한다. 조종사의 시야를 따라 미사일이 조준되는 HMS 시스템과 고기동 적외선 유도 미사일을 결합하면 근접전에서는 어떤 전투기도 피하기 어렵다. 또 HMS를 사용해 근접 공중전을 벌이면 똑같이 단거리 적외선 유도 미사일에 격추될 가능성도 높다. 그래서 구상된 공대공 무기가 프랑스의 미카(MICA)나 러시아의 R-77T-PD 같은 중거리 적외선 유도 미사일이다.

근접전은 상호 치명적이기 때문에 공대공 전투기가 공중우세를 확보하기 위해서는 원거리 탐지 및 격추가 이루어져야 한다. 하지만 지금까지 개발된 공대공 미사일은 중장거리를 비행할 수 있는 엔진을 탑재할 수 없었다. 이는 고기동 전투기의 회피 기동을 따라가야 하는 미사일로서는 쉽게 말해 힘이 부쳐 목표물을 제압할 수 없는 상황이 발생하는 것이다. 현재까지 개발된 미사일을 최대 사정 거리로 쏘면 중간에 로켓 엔진이 꺼지고 결국 관성 운동 에너지로 비행하게 돼 명중률이 현격하게 떨어진다. 이런 이유로 사정거리와 운동 성능을 향상시킨 덕티드 로켓(Ducted Rocket) 기술을 적용한 엔진이 개발되고 있다. 하지만 연료와 산화제를 섞어서 사용하는 기존 엔진은 산화제 중량 자체가 무거워서 새로운 미사일 엔진 개발에는 산화제 대신 공기로 연소하게 해야 하는데 이 분야에 고도의 기술이 요구된다.

바로 독일 MBDA사가 개발에 성공한 미티어 미사일이 현재 최대 사거리 50Km 정도인 중거리 미사일의 사정거리를 100km 이상으로 늘린 최초의 미사일이다. 미국도 JDRADM을 개발 중이며 러시아의 R-77M-PD, 중국의 PL-13 등이 모두 덕티드 엔진을 장착한 미사일들이다.

미티어 미사일은 고성능 BVRAAM(시계외 또는 가시거리외 공대공 미사일, Beyond Visual Range Air-to-Air Missile) 계열의 미사일로, 기존의 모든 미사일을 압도하는 성

미티어 미사일 장착한 유로파이터

능을 갖고 있으며 현재 개발이 진행 중인 것으로 알려진 일부 미래형 미사일의 성능도 뛰어넘는 명실상부한 차세대 미사일이다.

여러 가지 방식(자체 레이더, 적외선 탐지 추적 장치, 공중 조기경보기 혹은 지상 레이더와의 데이터 링크 등)을 통해 먼저 보고 먼저 쏘는 미사일인 미티어는 MBDA사의 제품으로 유로파이터 타이푼 컨소시엄에 참여한 4개국은 물론이고 타이푼을 구매하는 모든 국가와 프랑스, 스웨덴에서도 운용될 예정이며, 향후 F-35에도 장착될 예정이다. 전체 무게 185kg, 길이 3.657m이며 다쏘의 라팔에 장착된 미카 EM(MICA EM)과 동일한 자동 유도 장치를 장착한다. 최종 시험은 2008년에 성공적으로 완료되었다. 그리고 유로파이터는 미티어 미사일을 실제 장착해서 발사하는 첫 시험을 2013년 1월 4일 영국 서웨일즈 시험장에서 성공했다.

미티어 미사일의 주요 특징은 100km 밖에서 적기를 추적 격추시킬 수 있으며, 속도는 마하 4 이상이다. 또 NEZ(No Escape Zone), 즉 이탈존이 없는 장점을 갖고 있어 실패율이 극히 적어 그만큼 전투기의 생존성 확보에 기여한다.

타우러스(TAURUS KEPD 350) 장거리 순항 미사일

사거리 500km의 정밀 관통 타격하는 스마트 폭탄 타우러스

유로파이터의 강력한 공대지 미사일 '타우러스' (Taurus)

유로파이터에 장착되는 미사일 가운데 미티어 미사일과 함께 가장 주목해봐야 할 미사일이 사거리 500km의 장거리 순항미사일 타우러스이다.

타우러스(TAURUS)는 영어로 황소를 뜻하는 Taurus(영어발음 '토러스')와 철자가 같지만 사실은 Target Adaptive Unitary and Dispenser Robotic Ubiquity System의 약자다. 즉 "목표물 적응형 단일 및 자동 편재 시스템"의 약자로 말 그대로 추진체, 항법장치, 탄두 등의 구성 부분들이 목표물에 탄착될 때까지 분리되지 않는 일체형 미사일이며 발사 후 목표물 탐지, 항로 변경 및 관통과 폭발 등의 모든 과정이 자동으로 이루어지며 언제 어디서나 운용이 가능한 주야간 전천후 스마트 미사일이다.

유로파이터에 장착된 타우러스 미사일

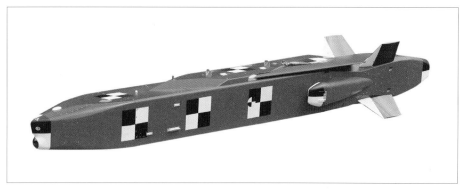

사거리 500km의 타우러스는 장거리 작전에 유리하며 종심이 긴 전장에서 탁월한 운용성을 보여준다.

제품 이름으로 단순화하기 위해 'TAURUS'로 명명되었고 약어임을 나타내기 위해 토러스 대신 '타우러스'로 발음하는 것이 일반화되어 있다.

KEPD 350는 Kinetic Energy Penetrator Destroyer(동력 관통 파괴탄)의 약자이며 뒤에 붙은 숫자 350은 사거리가 아니라 개발 번호이다.

Stand-off형 순항 미사일 타우러스

타우러스는 스탠드오프(stand-off)형 순항 미사일이다. 스탠드-오프형 미사일이란 조종사와 전투기 승무원들이 아무런 위해를 당하지 않는 적의 사정권 밖에서 발사하는 미사일로서 굳이 유도된 최종 목표물이 아니더라도 미사일이 날아가 전략적 중요성을 지닌 목표물을 타격함으로써, 조종사들이 전투기와 함께 다른 장비들을 이용하여 다시 작전을 수행할 수 있도록 해주는, 이른바 'Fire and Forget' 미사일을 말한다.

타우러스 제원

유 형	장거리 공대지, 지대지 순항 미사일, TAURUS KEPD 350
실전배치	2005년
제 조 사	TAURUS Systems GmbH
중 량	1,400kg
길 이	5.1m
직 경	1.1m
탄 두	480kg
신 관	메피스토 Mephisto (Multi-Effect Penetrator, High Sophisticated and Target Optimised, 다중효과 관통, 최첨단 목표 최적화) 신관
추 진 체	Williams P8300-15 Turbofan
윙 스 팬	2.0 m
사 거 리	500km + (300mi+)
비행고도	30-40m
속 도	고아음속 High Subsonic 마하 0.8-0.95
유도장치	Tri-Tec(삼중 유도장치) : IBN (Image Based Navigation, 영상기반항법),TRN (Terrain Referenced Navigation, 지형참조항법) and MIL-GPS (Military Global Positioning System, 군사용 GPS)
운 용 국 기 종	독일, 스페인, 스웨덴/유로파이터 타이푼, 토네이도, 그리펜, F/A-18

타우러스 순항 미사일의 특장점

- 순항미사일과 탄도미사일

탄도미사일과 순항미사일은 운용 개념과 전술, 전략적 가치가 다르다. 탄도미사일은 멀리 떨어져 있는 적의 목표물을 타격하기 위해 로켓의 추력으로 상승했다가 이후 탄두의 중량이 얻게 되는 관성력을 이용해 포물선 형태의 탄도를 따라 낙하되는 미사일이다. 따라서 속도가 빠르고 탄두 중량도 무겁지만 반면 그만큼 정확도가 떨어져 외과수술적 정밀 폭격에는 적당치 않다. 또한 탄도미사일은 비행고도가 높고 발사 흔적

스페인 공군 F-18에 장착된 타우러스

타우러스 미사일 해부도

이 뚜렷하기 때문에 발사 후에 항상 탐지되기 마련이다.

반면 핵탄두를 비롯해 여러 유형의 탄두 탑재가 가능하며, 위성체 발사 로켓과 동일한 원리와 기술이 적용된다. 로켓 추진력을 보강할 수 있어서 중량과 사거리를 조절할 수 있고 대륙간 탄도미사일인 ICBM까지 제작이 가능하여 이런 이유로 탄도미사일은 MTCR (Missile Technology Control Regime, 미사일 기술통제 체제. 현재 34개국이 가입되어있음)의 제한을 받는다. 또한 지상발사, 수중발사 등 발사 시스템도 다양하며 따라서 민감한 외교적 문제를 야기한다.

순항미사일은 탄도미사일과 비교해서 정밀 타격이 가능하고 탄두의 중량이 적어 외교적 부담이 거의 없으며 운용 폭이 넓고 운용비용도 상대적으로 저렴하다는 무시할 수 없는 장점을 지니고 있다. 특히 순항미사일의 최대 장점은 전면전이 아닌 비대칭전이 주류를 이루고 있고 민간인 살상을 줄여야 하는 현대전에 필수적인 미사일이

F-16에 장착된 타우러스

F-15에 장착된 타우러스(한국공군 마크는 합성이다) - 타우러스 시스템즈 제공

라는 점이다. 성능상으로도 자체 항법 및 종말 유도 장치 등을 통해 지하 동굴에 은 닉되어 있거나 강화 콘크리트 구조물 등으로 방호되는 적의 전략 요충지들을 타격할 때 매우 유용한 수단이다.

하지만 초음속 순항이 어려운 상대적으로 낮은 속도로 인해 순항미사일은 저고도 로 비행하지 않는 이상 적의 대공방어망에 탐지되어 격추될 수 있는 약점을 지니고 있다. 그래서 순항미사일의 생존성을 높이기 위해 적의 대공망을 피하는 동체 및 날 개부위의 스텔스화, 대재밍 기술, 낮은 저고도 비행술 및 GPS의 도움 없이 순항과 항 로 변경이 가능한 항법기술 등 최첨단 기술들이 동원된다. 현재 이 모든기술을 종합 적으로 갖추고 있는 최고의 순항미사일은 타우러스 밖에 없다.

- 타우러스의 특장점

A. 사거리

타우러스 미사일의 사거리는 동종의 미사일 가운데 가장 긴 500km 이상이다. 이 사거리는 최대 370km인 미국제 AGM-158 JASSM과 사거리 250km인 Storm Shadow/ SCALP EG(스톰새도우/프랑스에서는 스칼프 EG)보다 각각 130km, 250km 긴 거리다. 따라서 장거리 작전에 유리하며 종심이 긴 전장에서 탁월한 운용성을 보여준다. 자연히 전투기의 출격 회수와 작전 범위를 최소화 시켜 작전 효율성을 획기적으로 높여준다. 예를 들어 타우러스는 대전에서 평양을 타격할 수 있지만, JASSM과 Storm Shadow는 서울 인근까지 올라와야 동일 작전을 수행할 수 있고 자연히 작전에 제한을 받게 된다. 적의 상공에 침투할 경우에는 더욱 위험한 상황을 맞을 수도 있다.

B. 탄두

가장 무거운 500kg, 480kg 급 탄두를 탑재할 수 있어서 가장 앞선 성능을 보여준다. 뿐만 아니라 타우러스의 탄두는 관통탄두와 침투폭발탄두로 구성된 이중 탄두이며 목표물의 종류에 따라 탄두를 교체 장착할 수 있다. 또한 목표물 내에서 파괴해야 할 정확한 위치/층을 탐지할 수 있는 스마트 신관이 장착되어 있다.

C. 삼중 항법 장치

트리-테크(Tri-Tec)로 불리는 삼중 항법 장치는 IBN (Image Based Navigation, 영상기반항법), INS (Inertial Navigation System, 관성항법 시스템), TRN (Terrain Referenced Navigation, 지형참조항법), 그리고 INS (Inertial Navigation System, 관성항법 시스템)의 지원을 받는 MIL-GPS (Military Global Positioning System, 군사용 GPS) 등의 삼중 복합 시스템으로 구성되어있다. 이 삼중 복합 시스템은 단연 타우러스가 비교우위를 확보하고 있는 부분이다.

독일 공군 토네이도에 장착된 타우러스

스텔스 잡는 전지망전투기 유로파이터 타이푼

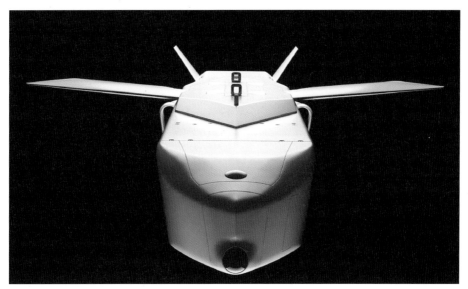
타우러스 미사일 정면

특히 TERNAV로도 불리는 IBN (Image Based Navigation, 영상기반항법)은 비행 경로 상에 위치한 특정 지역의 항공/위성 화상을 좌표와 함께 미사일에 사전 입력한 후, 미사일이 해당 지점에 도달하면 영상 센서를 통해 지형을 촬영하여 미리 입력된 화상 데이터 및 좌표와 이를 대조하여 미사일의 현재 위치를 파악하는 방식의 항법 체계다. 따라서 IBN은 단독으로는 작동이 불가능하며 INS, GPS를 통해 지속적으로 좌표를 제공받아야만 한다. 그러나 화상 정보를 정밀 대조해 좌표를 보정하는 방식이므로 오차가 3m 급으로 최소화되는 장점을 보인다.

이 경우 만일 미국제 순항 미사일을 사용한다면 미국이 그 어느 나라에도 제공하지 않는, 재밍에 취약할 뿐 아니라 미국의 통제를 받아야 하는 군사용 GPS 신호를 써야 하기 때문에 원천적으로 타우러스 형의 정밀 타격용 순항 미사일을 운용할 수 없다.

반면 타우러스의 IBN (Image Based Navigation, 영상기반항법)은 미국의 군사용 GPS에 못지않게 정밀하며 무엇보다 GPS 재밍 시에도 사용이 가능하다. 만일의 경우 경로점에 대한 대조에 실패한다고 해도 다음 경로점에서 오차를 수정할 수 있다. 타우러스는 IBN, TRN, GPS 중 하나 혹은 두 장치에 재밍이 발생하거나 사용 불가능하

▲ 타우러스를 발사하는 순간의 유로파이터　▼ 타우러스 2발을 장착하고 출격 대기 중인 유로파이터

게 되더라도, 나머지 장치들을 함께 사용함으로써 목표물을 찾아갈 수 있다. 이를 통해 GPS 재밍이 발생할 경우나, INS/GPS, TRN이 마비되어도 TERNAV를 혼용함으로써 이 장치들 중 하나 혹은 두 장치가 사용 불가능하게 되어도 목표물을 찾아갈 수 있다. 이는 미사일의 신뢰성과 직결된 문제이다. 서너 발을 쏴야 하는 타 미사일에 비해 타우러스는 단 한 발로 작전을 성공시킬 수 있는 것이다.

타우러스의 종말 유도 항법 장치는 적외선 영상 추적기(IIR)가 맡는다. 적외선 영상 추적기가 포착한 영상을 사용함으로써 TERNAV에도 사용되어 일석이조의 효과를 냄으로써 장비 단순화에 기여하는 것은 물론, 이를 통해 주야간, 전천후 작전이 가능해 진다. 타우러스는 최대 수백 개의 영상 이미지를 사전에 저장할 수 있으며, 평균 20-30개 정도의 영상을 사용한다. 발사 후 추가 영상 데이터를 통해 표적 변경이 가능하며 기타 Link-16 등의 데이터 링크, 민·군 위성을 활용한 데이터 링크 등을 통해서도 업로드, 다운로드가 가능하다.

D. 이중 탄두와 다목적 스마트 지연신관

강화 콘크리트 등으로 강력하게 방호되고 있는 전략 목표물을 관통해서 내부 시설이나 인마를 살상하기 위해서는 돌파구를 뚫는 관통탄두와 침투하여 폭발하는 침투탄두가 필요하다. 따라서 침투탄두는 관통탄두가 형성시킨 돌파구의 직경에 맞추어 크기를 조절해야만 한다. 자연히 침투탄두는 직경이 작고 긴 형태를 띠게된다. 이는 폭발력을 약화시키며 작전 실패를 의미할 수도 있다. 게다가 공중 발사형의 경우 전체 미사일의 길이가 5m를 과도하게 넘어설 수 없는 구조적 한계로 인해 무작정 침투탄두의 길이를 늘일 수도 없다.

타우러스는 이 모든 설계상의 한계를 상대적으로 넓은 1.08m에 달하는 동체폭을 활용하여 해결하고 있다. 다시 말해 전방의 추적기 바로 뒤에 관통탄두를 위치시키고 관통탄두 좌우에 연료와 임무 장비들을 탑재함으로써 후방의 빈 공간에 상대적으로 긴 침투탄두를 탑재할 수 있다. 실제로 괴테의 〈파우스트〉에 등장하는 악마의 이름에서 따온 메피스토(MEPHISTO, Multi-Effetc Penetrator High Sophisticated and Target

C-130수송기에서 투하 발사되는 타우러스 순항미사일

Optimised)로 불리는 탄두의 길이는 3.1m다. 또 스톰새도우보다 90cm 길며, 전체 길이에 있어 4.27m인 JASSM보다도 83cm나 긴 타우러스는 침투탄두 역시 길 수밖에 없다 (JASSM의 침투탄두 제원은 공개된 적이 없다).

성형작약식 탄두는 관통할 부위에 최대한 접근했을 때 신관이 폭발하며, 이 경우 가능한 한 목표물에 수직으로 낙하한다. 이후 관통된 표적 속으로 파고 들어간 침투탄두는 타우러스의 다목적 신관에 의해 다시 원하는 곳에서 폭발한다. 지능형이란 말은 여기서 나온다. 타우러스의 다목적 신관은 PIMPF(Programmable Intelligent Multi-Purpose Fuze, 프로그램 입력형 지능형 다목적 신관)으로 불린다. 말 그대로 폭발 시기를 정밀하게 제어할 수 있는 이 신관은 침투한 후 빈 공간을 인식하여 신관 폭발이 지연되며 파괴시켜야 할 층에서 폭발하도록 되어있다.

이 경우 최종 폭발까지 침투탄두의 운동에너지를 이용해 층을 파괴하며 목적지점에 도달한다. 이 성능은 공간감지 센서로 가능하다. 최대 6m의 강화 콘크리트를 관통하여 그 밑에 있는 목표물을 타격할 수 있다. 이 성능은 중량 900kg(약 2000 파운드)에 해당하는 탄두의 폭발과 대등한 성능이다.

또한 타우러스는 목표물의 종류에 따라 다양한 탄두를 갖추고 있다. 산탄형 탄두는 근접 공중폭발을 통해 주변의 시설들과 인마를 살상하고, 방공포대용 탄두도 별도로 존재한다. 정박해 있는 함정, 활주로에 대기 중인 항공기 등도 목표물들이다.

타우러스는 발사 장치도 지상 이동 기지에 설치할 수 있고, 전투기뿐만 아니라 수송기나 폭격기 등에서 낙하산을 이용해 발사될 수도 있다.

- 타우러스 "순항미사일 기술 한국에 제공 가능"

한국은 아직 탄도 미사일을 100% 국산 기술로 개발하지 못했다. 이는 한국이 탄도미사일 개발 기술을 확보하지 못했기 때문이 아니라 1979년에 미국과 맺은 불합리한 '한미 미사일 지침'(missile guidelines) 때문이다. 로켓의 고체연료 사용, 탄두 중량과 사거리 증대 및 관련 수퍼컴퓨팅 기술 등이 이러한 이해할 수 없는 미사일 지침으로 제한을 받고 있는 것이다.

그렇다고 미국이 탄도 미사일을 대체할 수 있고 북한의 비대칭 전력에 억지력을 발휘할 수 있는 순항미사일 기술을 제공하는 것도 아니다.

반면 타우러스는 성능이나 가격 면에서 비교우위를 확보하고 있지만 이에 덧붙여 한국이 필요로 하는 기술까지 제공하겠다고 한다. 미국의 FMS에 저촉되지 않는 유럽산 순항 미사일이기 때문이다.

현재 한국은 순항 미사일을 개발하고 있고 단거리 미사일은 완성된 상태다. 하지만 미국의 토마호크에 사용된 TERCOM(Terrain Contour Matching, 지형 등고선 대조 방식)으로 불리는 항법체계와 오차 범위가 10m 이상인, 재밍에 훨씬 취약한 민간용 GPS를 기반으로 하고 있어서 정밀타격이 가능하고 생존성이 높은 순항 미사일이 아니다. 타우러스가 탁월한 대안이 될 수 있는 이유가 바로 여기에 있다. 또한 다중 탄두 시스템 역시 한국이 도입하기 원하는 기술 가운데 하나다.

한국군 개발 지상 이동 타우러스 발사대 개념도

스텔스 잡는 전자망전투기 유로파이터 타이푼

타우러스 KEPD 350K 미사일 사거리

사거리	500Km이상
정확도	1m이내
속 도	~M0.95
중 량	3,200lbs(1,450Kg)

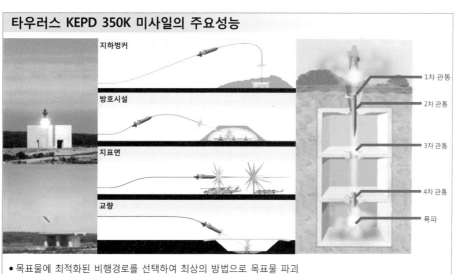

타우러스 KEPD 350K 미사일의 주요성능

- 목표물에 최적화된 비행경로를 선택하여 최상의 방법으로 목표물 파괴
- 관통과 침투폭발 탄두로 구성된 이중탄두로 최대 6m의 콘크리트를 관통한 후 목표물 파괴
- 목표물에 따라 파괴효과를 극대화 할 수 있는 지능형 다목적 신관

많은 이들이 유럽산 무기도입이라는 말을 들으면 자동적으로 연상했던 호환성 문제는 이제 웬만한 사람이면 일고의 가치도 없는 사안임을 잘 알고 있다. 현재 타우러스를 운용 중인 독일, 스페인은 미국산 전투기와 수송기를 운용했고 현재도 운용하고 있다. 타우러스 역시 F-18 계열 전투기에 탑재되고 있으며, C-17 수송기에서도 발사가 가능하다. 뿐만 아니라 이미 간단한 통합작업을 통해 F-16, F-15에도 장착이 가능한 상태이다.

제8장
유로파이터 타이푼 트랜치 3,
유인전투기의 마지막 버전

한국 F-X 참여 3기종 중 처음으로 사양 공개!

스텔스기도 잡아내고, 공중조기경보기 역할도 가능.
출격해서 공대공·공대지 동시 수행하는 멀티/스윙롤 전투기.
전문가들 "유인전투기의 마지막 버전"이라고 평가.

    한국의 F-X 3차 사업에 참여한 3개 전투기 가운데 처음으로 유로파이터가 한국에 제안한 기종인 타이푼 트렌치(Tranche) 3 버전의 사양이 2012년 10월 언론에 공개되었다. 유로파이터 타이푼 트렌치 3의 사양 공개와 생산 돌입은 한국 F-X 3차 사업에서 경쟁 기종인 록히드마틴의 F-35는 아직 개발 중이고 보잉의 F-15SE는 설계상에만 나와 있고 시제기도 만들어지지 않았다는 점에서 극명하게 대비된다.

    유로파이터 트렌치 3는 유럽과 중동 6개국에 350여대 이상 실전 배치되어 운용 중인 트렌치 1, 2와는 차원을 달리하는 최첨단 AESA(Active Electronically Scanned Array) 레이더와 엔진추력편향장치(TVT : Thrust Vectoring Technology), 스마트 헬멧인 HMSS(Helmet Mounted Symbology System), 최첨단 미티어(Meteor) 공대공 미사일과 타우러스(TAURUS) 순항미사일이 장착되어 작전에서 멀티롤(multi-role)과 스윙롤(swing-role) 기능을 실질적으로 수행하는 전투기로 분석되고 있다.

차원 다른 전투기 'Nothing Comes Close'

    유로파이터 트렌치 3는 무엇보다 200km 밖 스텔스기도 탐지할 수 있는 AESA 레

미티어 미사일을 장착한 유로파이터

이더가 장착되어 먼저 보고 먼저 쏘는 공중전에서 더욱 유리한 위치를 확보하게 된다. 여기에 유로파이터 트렌치 3는 전투기로는 유일하게 F-22와 함께 재연소 없이 초음속 순항이 가능한 수퍼크루즈 성능의 엔진에다가, 노즐 자체를 상하좌우로 움직여 방향과 힘을 조절하여 기동성을 더욱 높여주는 추력편향장치(TVT)가 추가되어 공중전에서는 그야말로 'Nothing Comes Close' 즉, 가까이 올 자가 없게 되었다.

유로파이터의 공중전 성능은 2012년 6월 미국 알래스카 국제공군연합훈련에서 5세대 전투기의 최강으로 알려진 F-22와의 모의전투에서 승리해, 유로파이터 트렌치 2 버전만으로도 더 이상 공중에서 대적할 전투기가 없는 것으로 국제적으로 입증된 바 있다.

유로파이터 트렌치 3에 장착되는 타우러스 순항미사일

유로파이터 트렌치 3에는 전투기로는 최초로 사거리 100km에 속도 마하4의, 스텔스기도 잡는다는 공대공 미티어(Meteor) 미사일이 장착되며, 사거리 500km가 넘는 타우러스(TAURUS) 등 장거리 순항미사일과 정밀유도폭탄의 다양한 무장 조합이 가능해져 한 번 출격으로 공대공과 공대지 역할이 모두 가능한 멀티-스윙롤 전투기로서 다른 어느 전투기보다 우위에 설 수 있게 되었다.

무장뿐만 아니라 항전 시스템에서도 유로파이터 트렌치 3는 전자식 레이더를 중심으로 전투기 내외부의 각종 센서들이 편대의 타 전투기나 공중조기경보기, 지상과 해상의 레이더들과의 데이터 링크와 센서 융합이 이루어져 그 자체로 한 대의 작은 공중조기경보기라고 할 수 있을 정도로 막강한 전자전 시스템을 갖추게 된다.

유로파이터 트렌치 3의 센서 융합은 전자식 레이더 Captor-E와 함께 다기능 정보 분배 시스템인 MIDS(Multifunction Information and Distribution System), 자체 방어 시스템인 DASS(Defensive Aids Sub System), 적외선 탐색 및 추적장치인 IRST(Infra Red Search & Track), 전자 광학 목표탐지 시스템 EOTS(Electro-Optic Targeting System), 그리고 자동 지형 추적장치(Automatic Terrain Following) 등이 종합적으로

영국 공군의 유로파이터 조종사들

함께 연동된다.

여기에 비디오 게임에서 활용되는 '증강현실기술(augmented reality technology)'이 응용된 일명 '스마트 헬멧'인 HMSS(Helmet Mounted Symbology System)가 도입되어 최첨단 전자전시스템과 융합되면서 조종사의 전투능력과 생존력이 월등히 향상되었다.

2012년 10월 처음으로 동체가 공개되고, 1차 양산에 들어간 유로파이터 트렌치 3는 영국이 40대, 독일 31대, 이탈리아 21대, 스페인이 20대를 주문했고, 2013년부터 인도가 시작된다.

2016년에 초도 물량이 인도되는 한국 F-X 3차 사업에 제안된 유로파이터 트렌치 3는 이러한 모든 기능을 갖춘 명실공히 현존 최강의 전투기로서 당분간 이를 넘어서는 유인 전투기는 개발되기 어렵다고 군사전문가들은 전망하고 있다.

스페인 공군의 유로파이터 조종사들

멀티-스윙롤 전투기

유로파이터 타이푼의 개발과 생산은 트렌치 1, 2, 3으로 구분된 3단계를 거쳐 이루어진다. 2012년 11월 1, 2 단계가 완료되었으며 명실상부한 5세대 전투기인 트렌치 3 역시 유로파이터 사업에 참여한 영국, 독일, 이탈리아, 스페인 등 유럽 4개국의 주문이 끝나 생산에 돌입했다.

유로파이터 트렌치 3의 중요한 특징은 완벽한 멀티롤/스윙롤 전투기를 위한 전투시스템 향상이다. 조금 더 구체적으로 살펴보면, AESA 레이더를 비롯한 전자전 시스템, 공대공·공대지·공대함 무장 통합, 스텔스 성능과 급선회 능력 향상을 위한 추력편향기술 적용 등이 포함되어 있다. 여기에 덧붙여 조종사의 전투력을 높여주는 헬멧 성능향상을 꼽을 수 있다.

저공 비행하는 영국 공군의 유로파이터

LIMA(말레이시아 랑카위 에어쇼) 2013에 참가한 유로파이터.
한국 3차 F-X 사업엔 최신의 유로파이터 트렌치 3가 제안되었다.

트렌치 1, 2, 3으로 구분된 유로파이터의 개발-생산은 처음 개발단계에서부터 적용된 개방형 설계를 통해 이루어졌다. 기본적인 전투기 형상설계가 향후 성능향상을 염두에 두고 이루어진 개방형 설계 덕분에 유로파이터는 전투기의 기본형상에는 거의 변화를 주지 않으면서 새로운 항전 시스템과 무장을 통합할 수 있었다. 이는 2050년까지 향후 30여 년 동안 운용될 전투기를 만들어야 한다는 개발철학에서 나온 결과다.

트렌치 3에 탑재되는 전자식 레이더 역시 동급 최고성능이었던 기존 기계식 레이더와 상당 부분 호환성을 갖고 있어 자연히 엄청난 비용을 절약할 수 있었다. 엔진 역시 트렌치 3에 와서 추력편향기술이 추가되었지만 모듈식 설계로 이루어진 기존 엔진을 바탕으로 쉽게 성능향상이 가능했다.

무장 시스템 역시 유로파이터사가 소속된 EADS사의 산하 기업인 MBDA와의 공조 하에 이미 기체 및 소프트웨어 설계 당시부터 향후 무기체계를 고려하여 설계된 덕분에 비교적 손쉬운 작업을 통해 사거리 500km 이상의 타우러스, 마하 4급의 램젯 공대공 미사일 미티어 등을 모두 장착할 수 있었으며 나토의 공동 작전에 많이 사용되는 미국 레이시온사의 Paveway 계열 정밀 유도폭탄도 리비아 전 당시 100% 운용 성능을 입증했다.

유로파이터 타이푼 트렌치 3 특장점

1. 200km 탐지거리, 스텔스기 잡는 AESA 레이더, Captor-E

유로파이터 트렌치 3에 장착되는 캡터-E(Captor-E) 레이더는 현존 최강으로 알려진 F-22 전투기에 탑재된 기존의 AESA 레이더보다 80도 넓어진 200도에 달하는 광시야각의 탐지 (Wide Field of Regard Coverage) 성능을 지닌 최첨단 전자 주사식 레이더이다. 일반 AESA 레이더들이 1,000여 개 정도의 T/R 모듈을 갖고 있는 데 비해 유로파이터 트렌치 3에 장착되는 캡터-E 레이더는 1,400여 개의 T/R 모듈을 장착하고 있어 광시야각 확보와 200km 원거리 탐색 성능, 다중 목표물 추적·선별·공격 및 지속 추적성능, 미사일 유도 등의 성능을 갖추고 있다.

유로파이터는 처음부터 유로파이터사와 함께 전용 레이더를 개발, 생산하는 유로레이더사를 설립했으며 이는 미래를 예측한 결과로서 레이더를 비롯한 전자 기술의 급속한 발전에 대비하기 위한 조치였다. 유로레이더사의 지분 구조는 유로파이터 타이푼 지분구조와 동일하다.

2. 작은 공중조기경보기 : 센서 융합 전자전 시스템

2050년까지 운용될 차기 전투기의 핵심은 전자전 시스템이다. 전자식 레이더를 중심으로 전투기 내외부의 각종 센서들은 편대의 타 전투기나 공중조기경보기, 지상 및 해상의 레이더들과의 데이터 링크와 센서 융합이 이루어진다. 쉽게 말해 유로파이터 타이푼은 그 자체로 한 대의 공중조기경보기라고 할 수 있을 정도로 막강한 전자전 시스템을 갖추고 있다.

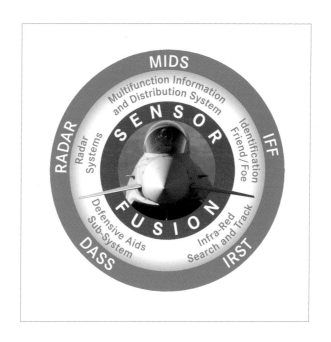

여기에는 캡터-E와 함께 운용되는 다기능 정보분배 시스템인 MIDS(Multifunction Information and Distribution System), 자체 방어시스템인 DASS(Defensive Aids Sub System) 역시 AESA 레이더와 연동되어 성능향상이 이루어졌다. 전투기를 적 미사일로부터 보호하는 DASS는 다음과 같은 장비들로 구성된다.

1. 전방 레이저 경고 장치 (Laser warner)
2. 전방 미사일 경고 장치 (Missile warner)
3. 플래어 방출 장치 (Flare dispenser)
4. 채프 방출 장치 (Chaff dispenser)
5. 양 날개 끝에 장착되는 ESM/ECM 장치 (Wing tip ESM/ECM pods)
6. 후방 레이저 경고 장치 (Rear laser warner)
7. 후방 미사일 경고 장치 (Rear missile warner)
8. 사출식 기만 장치 (Towed decoy)

여기서 주목할 것은 각 개별 부위의 탐지거리 향상, 센서 성능향상 등은 물론이고, 우리나라의 F-X 3차 사업에 제안된 F-15SE와 F-35A에는 없는 사출식 기만 장치를 오직 유로파이터 타이푼만 갖추고 있다는 점이다.

센서 융합(Sensor Fusion)은 기체의 각 부위에 흩어져 있는 각종 적외선, 레이더, 송수신 전파 등을 통합운용하는 전자전 시스템이다. 여기에는 MIDS와 자체방어시스템인 DASS 이외에 적외선 탐색 및 추적장치인 IRST(Infra Red Search & Track), 전자광학 목표탐지 시스템 EOTS(Electro-Optic Targeting System) 및 자동 지형추적 장치(Automatic Terrain Following) 등이 포함된다.

3. 최첨단 미사일 미티어와 타우러스 장착

유로파이터 타이푼은 현재에도 공대공 미사일 6기와 공대지 및 착탈식 외부 연료탱크 등으로 중무장한 상태에서 1,370km에 달하는 작전반경을 갖춘 멀티롤/스윙롤

강력한 전자전 시스템과 센서 융합 기술 덕분에 유로파이터는 그 자체가 한 대의 공중조기경보기라 할만하다.

전투기이다. 유로파이터 트렌치 3는 여기에 더욱 강력한 공대공, 공대지 무장 시스템이 추가된다. 이를 위해 우선 완벽한 제공능력을 위한 최첨단의 미티어(Meteor) 공대공 미사일이 전투기로서는 가장 먼저 장착된다. 마하 4의 램젯 기술을 적용한 덕티드 로켓(Ducted Rocket) 미사일인 미티어는 공대공 전투에서의 확실한 승리를 보장하며, 이를 통해 최종목표인 공대지 작전을 수행하는 데 그 목적이 있다. 이는 유로파이터가 공대공 전투기의 도움을 받아야 하는 'A'자로 시작되는 공격기 형태의 특수 목적기가 아님을 일러준다.

공대공 전투에서 공중우세를 확보하기 위해서는 원거리 탐지 및 격추가 이루어져야 한다. 하지만 지금까지 개발된 공대공 미사일은 중장거리를 비행할 수 있는 엔진을 탑재할 수 없었다. 이는 고기동 전투기의 회피기동을 따라 가야하는 미사일로서는 쉽게 말해 힘에 부쳐 목표물을 제압할수 없는 상황이 발생한 것이다. 현재까지 개발

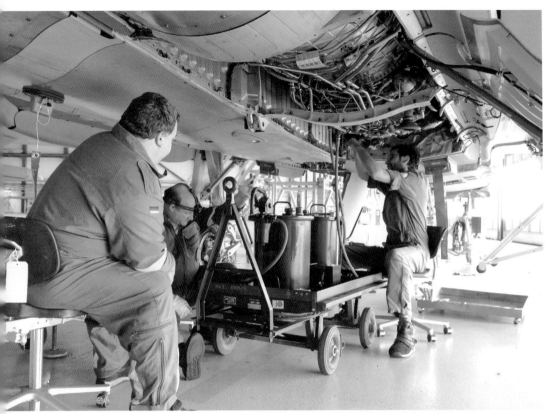
EJ200 엔진을 정비 중인 독일 공군 정비사들

된 미사일을 최대 사정거리로 쏘면 중간에 로켓 엔진이 꺼지고 결국 관성 운동 에너지로 비행하게 돼 명중률이 현격하게 떨어진다. 게다가 적기 역시 각종 자체 방어 시스템들을 갖추고 있어 적기를 요격하기란 쉽지가 않다.

이런 이유로 사정거리와 운동성능을 향상시킨 덕티드 로켓(Ducted Rocket) 기술을 적용한 엔진이 개발되고 있다. 하지만 연료와 산화제를 섞어서 사용하는 기존 엔진은 산화제 중량 자체가 무거워서 새로운 미사일 엔진 개발에는 산화제 대신 공기로 연소하게 해야 하는데, 이 분야에 고도의 기술이 요구된다.

바로 독일 MBDA사가 개발에 성공한 미티어 미사일이 최대 사거리 50Km 정도인 기존의 중거리 미사일의 사정거리를 100㎞ 이상으로 늘린 최초의 미사일이다. 미국

타우러스 순항 미사일을 발사하는 유로파이터

2009년 7월 유로파이터 트렌치 3 계약 서명식이 열렸다.

도 JDRADM을 개발 중이며 러시아의 R-77M-PD, 중국의 PL-13 등이 모두 덕티드 엔진을 장착한 미사일들이다.

미티어 미사일은 고성능 BVRAAM(시계외 또는 가시거리외 공대공 미사일, Beyond Visual Range Air-to-Air Missile) 계열의 미사일로 기존의 모든 미사일을 압도하는 성능을 갖고 있으며 현재 개발이 진행 중인 것으로 알려진 일부 미래형 미사일의 성능도 뛰어넘는 명실상부한 차세대 미사일이다.

여러 가지 방식(자체 레이더, 적외선 탐지·추적 장치, 공중조기경보기 혹은 지상 레이더와의 데이터 링크 등)을 통해 먼저 보고, 먼저 쏘는 미사일인 미티어는 MBDA사의 제품으로 유로파이터 타이푼 컨소시엄에 참여한 4개국은 물론이고 타이푼을 구매하는 모든 국가와 프랑스, 스웨덴에서도 운용될 예정이다.

전체 무게는 185kg, 길이는 3.657m이며 다쏘의 라팔에 장착된 미카 EM(MICA

유로파이터에는 페이브웨이 계열 정밀유도폭탄 탑재가 가능하다.

EM)과 동일한 자동 유도장치를 장착한다. 최종 시험은 2008년에 성공적으로 완료되었다.

미티어 미사일의 주요 특징은 100km 밖에서 적기를 추적, 격추시킬 수 있으며, 속도는 마하 4급이다. 또한 NEZ(No Escape Zone), 즉 이탈존이 없는 장점을 갖고 있어 실패율이 극히 적은 'Fire & Forget' 방식의 공대공 미사일이다.

유로파이터 트렌치 3에 장착되는 무장 중 타우러스 순항 미사일 역시 획기적인 무장 시스템이다. 사거리 500km 이상의 타우러스는 이중탄두와 스마트 신관을 장착하고 있으며, 유도장치는 흔히 트리 테크(tri-tec)로 불리는 3중 항법 및 종말 유도 장치를 갖추고 있다. 탄도 미사일에 비해 정확도가 높고 무엇보다 강화 콘크리트 등으로 둘러 싸였거나 지하에 매설된 전략 요충지들을 관통하여 정밀타격을 할 수 있다는 장점을 지니고 있다.

특히 타우러스는 자체 스텔스 설계를 갖추고 있으면서 동시에 GPS가 아닌 IBN (Image Based Navigation, 영상기반항법), INS(Inertial Navigation System, 관성항법 시스템), TRN(Terrain Referenced Navigation, 지형참조항법), MIL-GPS(Military Global Positioning System, 군사용 GPS) 등의 삼중 복합 항법 시스템으로 구성되어 있다.

이 삼중 항법 시스템은 미국산 순항 미사일에 비해 단연 타우러스가 비교우위를 확보하고 있는 부분이다. 6m의 강화 콘크리트를 관통, 폭파시킬 수 있으며, 명중률 역시 Tri-tec 항법 및 종말 유도 장치를 갖추고 있어 세계 최고를 자랑한다. 발사도 지상, 전투기, 수송기 등 다양하게 가능하다. 사거리 역시 현존 순항 미사일 중 가장 긴 500km 이상이어서 대전에서 평양을 타격할 수 있는 성능을 갖추고 있다.

유로파이터 트렌치 3의 무장 운용 능력 중 또 한 가지 언급되어야 할 부분이 바로 레이시온 사의 페이브웨이(Paveway) 4를 비롯한 정밀 유도폭탄 활용능력이다. 이 성능은 리비아 전쟁 당시 나토 연합군으로 참가한 영국과 이탈리아의 유로파이터 타이푼을 통해 입증되었다. 주로 공대지 작전에 참가한 영국 공군의 유로파이터 타이푼 전투기들은 98%에 달하는 작전 성공률을 보였다. 정박 중인 적의 함정, 레이더 기지, 사령부, 공군기지 등을 폭격한 것이다. 상대적으로 싼 유도무기인 페이브웨이 계열의

독일 공군 정비사들이 정비를 위해 EJ200 엔진을 유로파이터로부터 떼어내고 있다.

폭탄은 유로파이터가 이탈리아의 지중해 연안에 위치한 기지에서 미국산 폭탄을 보급받아 NATO 회원국들과의 연합작전을 완수할 수 있음을 입증한 중요한 작전이었다.

이 밖에도 유로파이터 트렌치 3에는 각국의 상황에 따라 사거리 250km 정도인 스톰새도우(Storm Shadow) 순항 미사일을 운용할 수도 있다. 영국과 이탈리아는 타우러스 대신 스톰새도우를 선택했고 독일과 스페인은 스웨덴과 함께 타우러스를 장착한다.

이렇게 다양한 미사일을 장착할 수 있다는 것은 유로파이터 트렌치 3가 임무에 맞게 다양한 무장 운용이 가능함을 잘 보여준다. 유로파이터 트렌치 3은 대전차 미사일과 대함 미사일도 장착할 수 있음은 물론이다.

4. 추력편향 TVT 엔진 장치 : 기동성과 이착륙 향상

전투기는 제트 엔진의 추력으로 운항한다. 하지만 제트 엔진의 추력은 전투기의 운항에만 필요한 것이 아니라 힘의 방향을 제어함으로써 전투기의 기동성을 향상시킬 수 있고 이를 역으로 이용하면 이착륙시의 성능에도 활용이 가능하다. 이에 관련된 기술을 추력편향기술, TVT (Thrust Vectoring Technology)로 부른다.

유로파이터 트렌치 3에는 다른 경쟁기종들인 F-15나 F-35에 없는 추력편향기술이 적용된 엔진이 장착되어 있다. 뿐만 아니라 전투기로서는 F-22와 함께 유일하게 재연소 없이 초음속 비행이 가능한 수퍼크루즈 성능을 이미 갖추고 있다.

TVT는 전투기의 추력을 5% 정도 향상시킨다. 또한 유로파이터 트렌치 3에 적용된 TVT는 명실상부한 3D TVT로서, 그렇지 않아도 가장 민첩한 전투기로 알려진 유로파이터의 기동성을 한층 강화시켰다. 이미 2012년 6월, 미국 알래스카에서 진행된 레드 플래그 실전 모의 공중전에서 유로파이터는 F-22를 압도하는 기동성으로 공중전에서 승리를 거두어 전 세계 언론에 보도되기도 했다.

여기에 3D TVT까지 추가된 유로파이터 트렌치 3는 이제 말 그대로 천하무적이 된 것이다. 이는 공연한 과장이 결코 아니다. 미국 공군의 레드 플래그 훈련은 6개국 전투기들이 참가하여 실전 그대로 모의 전투를 치르는 훈련이다. 따라서 자연히 전세계

전투기 시장에서 가장 관심을 갖고 지켜보는 훈련이다. 이 훈련에서 거둔 성과는 그 자체로 실전 리포트를 대체하곤 한다.

TVT는 이착륙 시 전투기의 안정성을 증대시키는 역할도 한다. 전투기는 여느 항공기와 마찬가지로 이착륙시 가장 위험한 순간을 맞게 된다. 이 점에 있어 TVT가 적용된 유로파이터 트렌치 3은 극지방 작전까지 완벽하게 소화하는, 말 그대로 전천후 전투기인 것이다.

참고로 F-X에 참여한 경쟁 기종들 중 유일하게 유로파이터에만 극지방 활주로 착륙장치인 감속 낙하산(drag chute)을 갖추고 있다는 사실을 지적할 필요가 있다. 캐나다와 노르웨이 등은 F-35에 대해 극히 회의적인 반응을 보이고 있는데 그 이유 중 하나가 극지방 통신장비와 감속 낙하산 장치가 없기 때문이다.

F-X 3차 사업에 참여하는 경쟁기종 중 유일하게 유로파이터만 감속 낙하산을 갖추고 있다.

5. '스마트 헬멧' : 시현 성능 향상으로 전투 능력 증대

유로파이터 타이푼 트렌치 3 조종사들은 전세계 최초로 일명 '스마트 헬멧'을 착용한다. 좀 더 정확히 말하면 'X-레이 비전 헬멧'이라고도 하며, 원래 공식 명칭은 Integrated Helmet Mounted Display System (IHMDS)이다. 유로파이터 측에서는 이를 Helmet Mounted Symbology System의 약자인 HMSS라고 통칭한다.

이 최첨단 헬멧은 자체에 장착된 LEDs, 조종석의 센서들 그리고 전투기 동체 주위에 설치된 카메라를 이용해 전투기 주위를 360도 실시간으로 관찰할 수 있을 뿐만 아니라 목표 탐지, 조준, 공격을 헬멧을 통해 수행할 수 있는 첨단 전자광학 기술의 결과물이다.

예를 들어 조종사는 전투기 밑의 상공에 적기가 있는지를 알기 위해 단지 헬멧을 쓴 채 시선을 밑으로 보내기만 하면 된다. 그러면 헬멧은 마치 X-레이처럼 전투기의 두꺼운 바닥 너머에 있는 적기를 헬멧 바이저에 표시해 준다. 적기가 움직이는 모습도 그대로 동영상으로 헬멧에 표시된다. 그래서 'X-레이 헬멧'이라는 별칭으로 불린다. 이후 공격은 버튼만 누르면 된다.

이 기술은 이른바 비디오 게임에서 활용되는 '증강현실기술(augmented reality technology)'이 응용된 것인데, 2012년 11월 현재 영국의 BAE Systems사가 개발에 성공, 생산 단계에 돌입했으며 5세대 전투기들인 유로파이터 타이푼 그리고 F-35 등에 순차적으로 공급될 예정이다.

조금 더 자세히 살펴보면, 전투기 기체 주변에 설치된 카메라들과 헬멧은 무선으로 연결되며 이 시스템은 조종사의 시선 방향을 자동으로 탐지하여 시선 상에 있는 물체들을 실시간으로 헬멧 바이저(visor)에 표시한다. 또한 이 헬멧은 조종사와 전투기 간의 인터페이스도 제어한다.

HMD는 1970년대 등장한 HUD에서 한발 더 나간 첨단기술이다. 현재 이 HUD는 잘 알려져 있다시피 고급 자동차에 활용될 정도로 대중화되었다. HUD는 조종사 앞의 투명 유리판에 고도, 속도, 방향 등을 표시해서 조종사가 기기를 조작하기 위해 머리를 숙일 필요 없이 항상 전방을 주시하며 조종과 작전을 수행할 수 있도록 해주었다. HUD도 이후 발전하여 목표물을 표시하는 수준까지 발전했지만 목표물을 조준하는 기능까지는 갖추지 못했다. 자연히 조종사가 기동을 해서 적기를 조준할 수 있는 위치에 자리를 잡아야만 했다.

현재 BAE Systems 이외에 미국 캘리포니아 소재 Vision Systems International (VSI)이 F-35 용 헬멧을 개발하고 있다. 하지만 F-35용 헬멧은 여러 번 보도된 대로, 이미지가 실시간으로 헬멧에 투사되지 못하거나 헬멧 모서리에서 초록색 발광현상이 일어나는 등의 여러 문제점들이 노출되어 현재 수정 중이며, 미국은 대안으로 BAE Systems사의 헬멧을 도입할 예정이라는 소식이 외신을 타고 들어오고 있다. 언제 수정 작업이 완료될지 그리고 수정 작업 후에도 다시 전자전 소프트웨어와의 시스템 통합작업까지는 얼마나 시간이 걸릴지 모르는 상황이라고 한다. BAE Systems의 대안 헬멧도 통합작업을 거쳐야 한다.

제9장
유럽 통합에서 방위산업의 역할
- 조명진

유럽통합

유럽통합의 배경은 두 번의 세계대전 후 전쟁재발 방지를 위한 제도적 장치를 마련하자는 것이었다. 이를 위한 실천방안으로 군수산업의 근간인 석탄과 철강생산 및 사용에 대한 공동관리체계를 도입하기로 했다. 즉, 유럽통합은 승전국 프랑스의 주도로 패전국 독일을 견제하기 위한 목적의 1951년 유럽석탄철강공동체(European Coal and Steel Community : ECSC) 결성에 그 기원을 둔다.

냉전종식은 유럽 국가들의 국방예산 삭감을 가져왔고, 종전에 정부의 지원과 동시에 통제와 간섭을 받아오던 군수산업체들이 일반 제조업체처럼 시장원리에 의해서 홀로서기를 해야 될 국면을 맞게 되었다. 이 과정에서 주목할 만한 것은 탈냉전 후 시작된 유럽 내 방위산업체들의 인수 합병 작업이다. 중복투자를 피하고 효율적인 경영을 통해서 유럽연합의 방위산업의 경쟁력을 키우자는 새로운 공동목표는 결과적으로 유럽통합을 가속화시키는 역할을 해오고 있다.

역설적으로 말하면, 전쟁방지의 명분으로 방산업체 통제를 위해 시작된 유럽통합이 이제는 유럽통합을 주창한 자본가들의 이해가 걸려 있는 방산업체들의 주도하에 추진되고 있다는 사실이다. 게다가 27개 회원국으로 확대함으로써 유럽통합의 더 역동성을 띄게 되었다.

유럽연합 확대

6개 회원국(프랑스, 독일, 이태리와 베네룩스 3국)으로 출범한 유럽통합의 대열에 1973

▲ 에어버스사의 A380　　▼ 에어버스 날개 제조 공장

년 영국, 덴마크, 아일랜드, 1981년 그리스가, 그리고 1986년 스페인과 포르투갈이 합류함으로써 12개 회원국을 가진 유럽공동체(European Community : EC)로 확대되었다. 그리고 마침내 1992년 공동외교안보정책(Common Foreign and Security Policy : CFSP)과 단일통화정책을 담은 마스트리히트 조약을 토대로 유럽연합(European Union)이 결성되었다.

1989년 베를린장벽 붕괴를 기점으로 불어온 변화의 파장은 소련연방과 바르샤바 조약기구의 해체를 불러왔다. 결과적으로 냉전의 양극상황에서 유럽통합의 조류를 타는데 주저했던 핀란드, 오스트리아, 스웨덴은 더 이상 중립정책을 고수하지 않고, 1995년 유럽연합에 가입함으로써 회원국은 15개국으로 늘어났다. 2004년 5월 1일을 기해 유럽연합은 10개 유럽 국가를 새로운 회원국으로 맞았다. 구 바르샤바 조약기구의 회원국이었던 체코, 폴란드, 헝가리, 슬로바키아와 발트 3개국(에스토니아, 라트비아, 리투아니아) 그리고 사이프러스, 몰타이다. 그리고 2007년 1월을 기해 불가리아와 루마니아가 새로운 EU 회원국이 됨으로써 회원국 수가 27개국으로 늘어났다.

유럽통합에서 방산업체 역할

단일시장의 창출은 실제로 유럽연합 내 다국적기업들의 사업을 돕기 위함이다. 제한된 내수시장은 수익성을 보장하지 못하기 때문에 자국의 내수시장과 같은 영업조건의 확대된 단일시장은 다국적기업들에게 긴요한 것이다. 특이할 만한 것은 이들 다국적 제조업체들의 공통된 특징이 군수산업에 직간접적으로 간여하고 있다는 사실이다. 먼저 기술적인 이유가 있다. 일반물품과 군수물품 간에 기술파급효과(spin-off effect)와 이중사용(dual use)을 감안했을 때 항공업체가 민수와 군수물품을 동시에 생산하는 것이 합리적이다.

유럽의 방위산업들이 순수한 군사기술 개발에서 민간기술도 겸하는 일명 민군 기술개발체제로 들어갔다. 전차와 야포 생산에 주력하던 시절은 가고 전자장비와 정보력에 의존한 네트워크 중심 전장개념을 새로운 제품개발로 연결시키고 있다.

오스트리아 정비사들이 유로파이터의 랜딩기어를 정비하고 있다.

기술 파급 효과의 예를 들면, 전투기의 랜딩기어 기술을 민간 항공기의 랜딩기어에 적용하고 있고, A400M 군용 수송기의 비행통제시스템(flight control system)을 초대형 여객기 에어버스 A380에 도입하려는 상황이다. 한편, '이중사용'의 대표적인 예가 바로 반도체이다. 반도체는 일반 전자 제품에 중요부품이기도 하고 군 전자장비에 필수적인 부품이기도 하다.

둘째로 재원충당상의 이유이다. 군수제품 생산을 위한 연구개발과 제작비가 갈수록 높아지고 있기 때문에 재정상태가 안정된 대기업 또는 컨소시엄을 구성하지 않으면 막대한 재원을 요하는 무기체계 사업을 착수하기가 힘든 상황이다.

A400M 수송기

방위산업과 관련된 유럽연합의 주요 다국적기업

영국 : 비에이 시스템즈(BAE Systems), GKN, 롤스로이스(Rolls Royce),
　　　콥함(Cobham)

프랑스 : 다쏘(Dassault), 르가르드(Legardere), 탈레스(Thales), 스네크마(Snecma)

독일 : 다임러 크라이슬러(DaimlerChrysler), 지멘스(Siemens), BMW,
　　　라인메탈(Rheinmetal)

이태리 : 핀메카니카(Finmeccanica), 피아트(Fiat)

스페인 : 스페인 항공산업(CASA), 인드라 그룹(Grupo Indra)

스웨덴 : 싸브(SAAB), 에릭손(Ericsson), 볼보(Volvo)

EDA 주도의 유럽 내 방산 협력 사례

2006년 10월에 유럽방산청(European Defence Agency : EDA)이 발행한 〈장기 비전 보고서〉(The Long-Term Vision Report)는 EU 회원국 국방장관들의 의뢰에 의거해 정부와 군 그리고 방산 및 학계의 전문가들이 11개월 동안 만든 연구 결과물이다. 이 보고서에는 향후 20년간 유럽안보국방정책에서 요구되는 군사적 역량을 어떻게 개발할 것인지에 대한 내용을 담고 있다.

유럽 방산협력은 2005년 11월 회원국 국방장관들이 동의한 〈국방획득에 관한 조례〉(Code of Conduct on Defence Procurement : CoC)를 토대로 정부 간 자발적 협력으로 이루어지고 있다. CoC와 함께 〈공급체계의 최적관례〉(Code of Best Practice in the Supply Chain : CoBPSC)는 직접 무기획득 입찰에 주 사업자(prime contractor)로 참여하기 힘든 중소방산업체가 하청기업(sub-contractors)으로 입찰에 참여하도록 장려하는 역할을 하고 있다. 구체적인 방법으로 2007년 3월에 EDA 홈페이지를 통해 개시된 〈전자 안내판〉(Electronic Bulletin Board-Industry Contracts : IC)을 통해서 주계약자와 하청기업을 광고할 수 있도록 설치됐다.

2006년에 시작된 EDA의 〈군 보호 연구기술 공동투자 프로그램〉(R&T Joint Investment Programme on Force Protection : JIP)은 저격수와 부비트랩, 테러리스트가 사용하는 폭발물(improvised bombs)로부터 EU 병력을 보호하는 기술개발에 주안점을 두고 있다. 이 프로그램은 2007년 1월 1일부터 3년 기간으로 5천5백만 유로 규모이며 20개 유럽국가가 참여하고 있다. JIP는 창의성과 유럽 정부의 정치적 의지를 보여주는 중요한 진전이라는 평가를 받고 있다. JIP는 정부가 재정배분과 프로젝트에 국가별 할당량을 정하는 종전의 국방 R&T 협력과 달리, 공동 예산으로 전체 프로그램을 진행한다는 차이점을 갖고 있다.

JIP참가 20개국은 다음과 같다 : 오스트리아, 벨기에, 사이프러스, 체코, 에스토니아, 핀란드, 독일, 그리스, 헝가리, 아일랜드, 이탈리아, 네덜란드, 노르웨이, 폴란드, 포르투갈, 슬로바키아, 슬로베니아, 스페인, 스웨덴.

C295 수송기

M&A를 통한 유럽 방위산업의 판도 변화

　　냉전 후 미국 항공방산의 구조조정은 유럽방산에게 직접적인 영향을 끼쳤다. 다시 말해, 펜타곤 주도의 미 항공방산의 인수와 합병 작업의 여파로 분산되어 있던 유럽 연합 내 항공 산업의 재원과 기술을 하나로 결속시키는 작업에 착수하게 되었다. 유럽 항공방산의 구조조정을 위한 사전작업으로 1998년 EU 내 6개 주요 항공산업국(영국, 독일, 프랑스, 스페인, 이탈리아, 스웨덴)의 국방부 장관들이 LoI(Letter of Intent)에 서명한다. LoI의 배경은 나토 회원국이자 EU 회원국이 코소보와 아프가니스탄에서 평화유지활동과 군사작전에서 필요로 하는 중요한 군수지원이 미흡하다는 데 동의한 데서 비롯됐다.

프랑스 툴루즈에 있는 에어버스 생산 공장

특히, 미국과 공동작전을 하는데 미국 장비와 기술에 의존해서는 동등한 파트너가
될 수 없다고 느낀 것이다. 더군다나 회원국 별로 투자가 이루어짐으로써 중복되고 분
산되는 투자를 해온 것이 사실이다. 이런 점에서 LoI을 통해서 다국적으로 참여하는
공동사업을 추진하고자 한다.

1999년은 유럽 항공산업의 구조조정의 큰 획을 긋는 해였다. 1999년 1월 브리티
시에로스페이스(BAe)가 GEC 계열회사인 마르코니일렉트로닉시스템즈(MES)를 흡수
함으로써 비에이시스템즈(BAE Systems)를 탄생시켰다.

한편 같은 해 9월 프랑스 국영기업인 아에로스파시알(Aerospatiale)과 독일 다임러
크라이슬러(Daimler-Chrysler)의 계열회사인 다임러 크라이슬러항공(DASA)과 스페
인항공업체(CASA)가 합병함으로써 유럽항공방위우주산업(EADS)이 만들어졌다. 뒤이

어 2000년 4월에 이태리 국영업체인 핀메카니카(Finmeccanica)의 계열회사인 알레니아아에로나우티카(Alenia Aeronuatica)가 EADS에 합류함으로써 양대 항공방산업체가 유럽에 탄생했다.

　유럽 내 기업 합병과 인수(M&A)는 2007년에 이어 2008년에도 지속되는 추세이다. 2008년 가장 큰 기업 인수는 영국의 캔도버(Candover)가 네덜란드의 스토르크(Stork)를 약 15억 유로에 사들인 것을 필두로, 다쏘사가 탈레스가 갖고 있던 알카텔루센트의 20.76% 지분을 사들였다.

　아래는 나토 회원국과 나토 회원국이 아닌 국가 간의 무기획득 사례로서 방산 협력 이외에 생산자와 구매자로서 유럽 국가들이 서로 무기거래의 실제 내용을 보여주고 있다.

〈유럽 나토회원 간의 주요 무기획득 사례〉

수입국명	무기명	수량	가격(유로)	제조회사(국가)	연도 (주문/전달)
프 랑 스	C-130H Hercules	14	4300백만	록히드마틴(미국)	2008
독　　일	KEPD 350 (토네이도전투기용)	600	5억7000만	Taurus System (스웨덴)	1998/2004
노르웨이	C-130J Hercules	4	6억800만	록히드마틴(미국)	2007/2008
폴 란 드	RSB 15 Mk 3	36	1억7800만	ZM Mesko(스웨덴)	2006/2009
포르투갈	Pandur II 8x8	260	3억4400만	Steyr(오스트리아)	2005/2006
포트투갈	C-295M	12	2억7000만	EADS	2006/2008
스 페 인	Leopard 2E	239	19억4000만	라인메탈(독일)	1998/2003
스 페 인	AS 532AL Cougar	5	1억1600만	유로콥터	2008
영　　국	A330-200	14	130억 파운드	에어버스(독일)	2008/2011
영　　국	Hermes 450(UAV)	-	1억1000만 달러	탈레스(프랑스)	2007/2010

출처 : Military Balance 2009

수입국명	무기명	수량	가격(유로)	제조회사(국가)	연도 (주문/전달)
오스트리아	Eurofigher	15	20억	유로파이터	2003/2007
핀란드	c-295	2	4500만	EADS	2006/2007
아일랜드	AW-139	4	4900만	AugustaWestland	2006/2008
스웨덴	Iris-T (그리펜 전투기용)	-	2000만 달러	Diehl(독일)	2006

출처 : Military Balance 2009

〈LoI 유럽국가의 국방규모 2008(2000년)〉

	국방예산	상비군 병력	공군 병력	공군 전투기 대수
영국	597(413)억불	160,280(212,660)	33,480(53,620)	343(415)
프랑스	411(349)억불	352771(259,050)	57,600(64,000)	261(478)
독일	398(274)억불	244324(284,500)	60580(67,500)	298(376)
이태리	200(223)억불	292,983(200,000)	34,000(48,000)	249(263)
스페인	110(85)억불	221,750(150,700)	27,300(22,750)	181(186)
스웨덴	52(52)억불	16,900(27,600)	2,700(5,900)	165(207)

출처 : Military Balance 2009

국제 첨단 기술부분에서 유럽이 미국보다 한 발 뒤쳐졌다고 생각한다면 그것은 오산이다. 1990년대 중반에 한 미국 상원의원이 한 말이 생각난다. "유럽은 위스키와 와인이나 만들면 된다. 나머지 첨단 제품은 다 미국에서 만든다." 이 기고만장한 말을 한 미국의원이 2000년대 아래의 몇 가지 뉴스를 접했다면, 같은 말을 되풀이 할 수 없을 것이다.

유럽의 에어버스의 A380은 보잉의 747을 대신하는 장거리 여객기의 새로운 이름이다. 뿐만 아니라 첨단 항공무기 부문에서도 미국이 F-15와 F-16, F-18의 생산라

조립라인을 빠져 나오는 A380 여객기

인을 여전히 가동하고 있지만, 유럽은 그리펜, 유로파이터, 라팔 등 제 4세대 전투기를 미국보다 먼저 선보였다.

현재 군수항공의 미래가 걸린 무인항공기 부문에서 보잉과 록히드마틴은 선두주자인 것은 주지의 사실이지만, 스웨덴의 그리펜 전투기가 남아프리카 공화국에 수출되고, 체코와 헝가리 공군에 임차하기도 했다. 미국의 우방국가인 사우디 아라비아가 유로파이터 72대를 300억불에 구입하는 사실들을 보면 세계 전투기 시장은 더 이상 미국의 독무대가 아님을 보여주고 있다.

세계 3대 방산업체인 BAE Systems는 영국 내에서 매출은 전체 매출에 30퍼센트에 불과하고, 북미시장에서의 매출이 40퍼센트를 점유한다. 이 같은 사실은 방산업체가 더 이상 해당 국가 국방부의 간섭과 보호는 받지 않고 사업한다는 뜻으로 풀이

A400M 수송기

할 수 있다. 뿐만 아니라, 미 국방성의 최대 무기획득사업인 공중급유기 도입 사업에 보잉사와 경쟁하는 컨소시엄은 미국의 노드롭 그럼맨(Northrop Grumman)과 EADS 이었다. 즉 중요 무기획득에 국가단위가 아닌 기업별 이해관계에 따라 입찰하는 시대가 온 것이다.

미국 공중급유기 획득사업에서 EADS의 쓰라린 경험

2010년 3월 8일 미국의 방위산업 부문 3위 업체인 노드럽 그럼맨은 미 공군의 공중급유기 획득사업(KC-X)의 입찰을 철회한다고 발표했다. 사실 2008년에 노드럽과 EADS가 컨소시엄으로 입찰 경쟁에서 보잉을 제치고 계약당사자로 선정된 바 있다.

그런데 경쟁사인 보잉의 강한 항의로 재입찰에 붙여졌고, 미 국방부는 새로운 소요조건을 삽입했다. 이를 두고 보잉이 새로운 입찰에서 판세를 역전시키기 위해서 미 공군에 자신들에게 유리한 조건을 넣었다는 말들이 나왔다.

보잉이 펜타곤에서 이미 결정된 사안에 대해서 번복하도록 만든 데는 그들 나름대로의 이유가 있다. 먼저 미 공군의 최대 전투기 획득 사업인 JSF(Joint Strike Fighter)를 록히드 마틴이 2001년에 차지했고, F-15 후속으로 개발하는 F-22는 록히드 마틴이 주사업자로 보잉은 파트너로 참여하고 있다.

즉, 보잉은 F-15와 F/A-18 슈퍼 호넷 말고는 새로운 유인기 사업이 없는 실정이다. 게다가 민간여객기 수주량 부문에서도 EADS의 자회사인 에어버스에 1위의 자리를 내어 준 상태여서, 역사상 JSF사업 다음으로 큰 500억 달러 규모의 공중급유기 사업을 또 다시 에어버스에 넘겨준다는 것은 용납할 수 없는 것이었기에, 사업진행에 무리수를 두고서라도 전방위 로비를 펼쳤다는 분석이다.

미 공군의 공중급유기 획득사업은 2002년으로 거슬러 올라간다. 당초 펜타곤은 보잉의 767 여객기를 기본틀로 한 급유기를 임대할 것을 희망했었다. 하지만 존 매케인 공화당 상원의원은 그것은 보잉의 기업복지(corporate welfare)를 보장해 줄뿐 미 공군의 전력향상에는 도움이 안되므로 더 나은 급유기를 획득하기 위한 입찰을 해야된다고 반론을 제기했다.

그리고 2006년 공중급유기 획득사업은 재개되었고, 2008년 노드롭과 EADS가 공동 입찰에 참가해 2008년 수주에 성공했던 것이다. 에어버스 A330 모델은 보잉의 767모델보다 항속거리와 적재량에서 앞선다. 그런데 입찰이 마감되었음에도 보잉의 로비에 의해서 미국 감사원은 미 공군의 획득과정에 문제가 있었다고 발표하고 종래의 선정을 무효화시킨 것이다.

이 획득 사업은 노후된 공중급유기를 대체하고자 179대의 새로운 공중급유기를 제작하는 500억 달러 규모이다. 그리고 이어지는 40년 간의 후속 계약은 300에서 400대의 공중급유기를 추가로 제작할 예정이어서 장기적인 가치로 보면 1,000억 달러가 넘는 황금알을 낳는 대형 국방획득사업이다.

A330 공중급유기와 F-18 호넷

스텔스 잡는 전자망전투기 유로파이터 타이푼

A330 공중급유기와 F-16

공중급유기 입찰철회 결정은 EADS으로 하여금 미국 방산 시장의 접근을 좀 더 다각화할 필요가 있음을 느끼게 만들었다. EADS보다 BAE Systems은 미국 시장의 경험이 많고 네트워킹도 탄탄하다. 이런 점에서 두 회사의 합병 시도는 미국 시장에 대한 진출에 더욱 강화된 위치를 점유한다고 믿었기 때문이다.

EADS와 BAE Systems의 합병 시도

유럽 방산의 쌍두마차인 EADS와 BAE Systems의 합병은 유럽방산의 입지를 공고히 하는데 일조할 것이라고 기대했었다. 더불어 두 회사가 합병에 성공했다면, 세계 최대 방산업체의 탄생을 보는 것이었다.

EADS의 에어버스 사업은 이미 여객기 제작에서 보잉의 경쟁업체이다. EADS 또한 군수 부문의 사업을 하지만 유럽 정부들의 미약한 방위예산으로 인해서 EADS 매출의 4분의 3은 민간 부문에서 나오고 있다. 다른 방산업체들은 앞으로 수년간 정부의 방위비 삭감이 예상됨으로 민간 부문으로 사업 전환을 모색하고 있는 반면, EADS의 경영진은 좀 더 장기적인 안목에서 국방예산이 증가할 것으로 보고, 군수부문의 비중을 매출의 절반 수준으로 끌어올린다는 계획이다.

EADS의 경영진은 좀 더 대형 장기 방산계약이 민간 항공기 시장의 등락에 대한 유용한 안전장치가 될 것으로 여기기에 BAE와의 합병은 EADS의 장기 경영 전략에 부합된다. EADS는 프랑스, 독일, 스페인의 주주들이 영향력을 행사하고 있고, BAE Systems는 영국 정부가 최대주주로서 비토권을 갖고 있다. 프랑스와 스페인 정부가 EADS의 주주이지만, 독일의 15% 소유권은 다임러가 갖고 있다.

〈디펜스 뉴스〉 2012년 10월 10일자에 따르면, BAE Systems의 CEO는 합병 결렬의 책임을 독일 정부에 돌렸다. BAE Systems의 CEO는 "이번 협상에서 독일이 반대할 줄은 몰랐으며, 우리 EADS와 BAE Systems의 연합은 유럽 통합의 한 장을 차지할 논리적인 것으로 봤다"고 아쉬움을 토로했다.

하지만 BAE Systems의 CEO가 EADS에게 보낸 편지에서 나타나듯이 방산 분야

에어버스 A320

에서 BAE와 협력 가능성 여지를 남겨놓고 있다. 동시에 EADS는 BAE Systems 과 방산 부문에 대한 협력을 모색하기 위한 노력을 기울일 것이라는 점에서 볼 때, 협상 결렬에도 불구하고 두 회사는 한층 더 긴밀한 관계를 도모할 수 있는 토대를 마련했다고 할 수 있다.

여러 측면에서 두 회사는 상호보완적이다. EADS는 BAE가 부족한 유로콥터같은 민수부문이 강하다. EADS는 제조부문에서 BAE가 강한 서비스와 관리 부문으로 확대할 목표를 갖고 있다. 하지만 중복되는 부문도 있다. 예를 들면, 두 회사는 유로파이터 컨소시엄에 참여하고 있고, EADS는 유로파이터의 경쟁 전투기 라팔을 제작하는 다소의 대주주이다. 이런 점에서 두 회사의 합병이 방산 부분에서만이라도 이루어진다면 유로파이터 마케팅에 더 기여할 것이다.

카시디안 시스템즈(Cassidian Systems) 프랑스 본사

맺음말

살펴본 바와 같이 유럽통합의 65년 역사에서 방위산업은 주도적 역할을 해왔다. 무기체계에 대한 협력은 상호 신뢰가 없으면 불가능한 부문이라는 점에서 유럽방산업체들의 국경을 넘는 협력은 유럽통합의 역동성에 윤활유 역할을 해왔다. 비록 EADS와 BAE Systems의 합병이 결렬되었지만 방산 부문에서의 협력과 그 가능 잠재성은 유럽통합을 더욱 공고하게 만드는 역할을 하고 있다.

제10장
한국의 F-X 3차 사업,
스텔스 앞세우면 실패한다

머리말

2012년 말에서 2013년으로 최종 기종 선정이 넘어 온 F-X 3차 사업은 전투기 60대를 들여오는 국내 사상 최대의 무기 도입으로 과거에 이루어진 F-X 1, 2차 사업은 물론이고 앞으로 진행될 우리 군의 그 어떤 무기 도입 사업보다도 미래 한반도의 안보를 결정짓는 중차대한 사업이다. 현대의 군사적 안보는 다른 무엇보다 하늘의 지배에서 일차적으로 패권이 갈리기 때문이다.

F-X 3차 사업은 시기적으로 무인기와 전자전 분야에서 일어나고 있는 현재의 기술 발전 추이를 감안해 볼 때 마지막 유인기 도입 사업이 될 가능성이 크다. 기술과 안보 환경의 관계가 그 어느 때보다 긴밀해지고 있어 종합적 판단이 요구되는 시점에 차세대 전투기 도입사업이 추진되고 있는 것이다.

F-X 3차 사업이 중차대한 또 다른 이유는 한반도를 둘러싼 동북아의 정세는 물론이고 국제 정세가 초강대국인 미국 주도의 질서에서 벗어나 갈수록 글로벌화, 다극화되어가는 변화 속에서 진행되고 있다는 점이다. 중국은 미국과 함께 세계 질서를 개편하는 핵심 세력으로 등장했고 유럽연합은 정치적 통합만을 남겨둔 채 27개국을 통합해 하나의 경제권을 형성해가고 있다. 또 G20, BRICs, ASEAN 등 여러 형태로 세계는 다극화되고 있다. 북한은 심각한 경제난과 김정은의 권력 다지기가 계속되고 있어 언제 급격한 변화를 맞을지 모르는 상황이다.

4대 강국에 둘러싸여 있고, 전체 경제의 75% 이상을 대외 무역에 의존하고 있는 한국으로서는 글로벌화, 다극화되어 가는 현 시점이 한반도의 번영과 안정, 그리고 통일을 도모할 수 있는 절호의 기회이자 동시에 위기이기도 한 것이다.

F-X 3차 사업은 2050년까지 운용될 전투기를 도입하는 사업이다.

4대 강국에 둘러싸여 있고, 전체 경제의 75% 이상을 대외 무역에 의존하고 있는 한국으로서는
글로벌화, 다극화되어 가는 현 시점이 한반도의 번영과 안정, 그리고 통일을 도모할 수 있는 절호의 기회이자
동시에 위기이기도 한 것이다. 공중 급유 받는 유로파이터.

편대 비행하는 유로파이터. F-X 3차 사업은 하늘 안보 사업이자 하늘 산업을 위한 사업이다.

F-X 3차 사업은 이러한 중요한 시점에 추진되고 있는 하늘 안보 사업이자 하늘 산업을 위한 사업이다. F-X 3차 사업을 통해 도입되어 2050년까지 운용될 차세대 전투기는 따라서 한국의 다음과 같은 네 가지 측면의 전략·전술적, 산업적 요구들을 충족시켜야 하며, 이를 위해서는 과학적, 종합적 사고가 필요하다.

1. 공군력 확보 : 북한이라는 현재의 위협은 물론이고 중국, 일본, 러시아 등에 둘러싸여 있는 미래 통일 한국의 잠재적 위협에 대비하는 공군력을 확보해야 한다.
2. 미래전 대비 : 전자전과 무인기의 혼용을 특징으로 하는 네트워크화된 미래의 전장을 대비하는 새로운 전략과 전술을 구축해야 한다.
3. KF-X 사업의 연계 : F-X 3차 사업의 기술 이전을 통해 한국형 전투기와 민항기 생산 등 국내 항공우주산업의 도약을 꾀할 수 있어야 한다.
4. 정치, 외교적 외연 확장 : 다극화되어 가는 글로벌 시대를 맞아 지나친 미국 의존형 외교안보 틀에서 탈피해 정치, 외교적 외연을 확장시켜야 한다.

F-X 사업을 추진하면서 마땅히 고려해야 할 이 네 가지 측면은 F-X 사업의 목적 자체이기도 하다. 그런데 한국 정부는 F-X 3차 사업의 이러한 국방안보 측면, 산업적 측면, 정치외교적 측면에 대해 정밀하고도 과학적인 접근방식과 연구결과를 내놓지 않고 있는 가운데 기종선정을 서두르고 있어 우려가 커지고 있다.

특히 현재 한국 정부는 차세대 전투기 기종선정에서 스텔스 성능에 과도한 의미를 부여하고 있는데, 이는 F-X 3차 사업 전체를 실패의 벼랑으로 밀어버리는 결과를 가져올까 염려된다. 만에 하나 F-X 3차 사업이 소기의 성과를 거두지 못할 경우 한국은 눈앞에 있는 북한의 위협은 물론이고 동북아의 커가고 있는 영토 분쟁에 대비하기 어려울 뿐만 아니라 2050년까지 안보, 산업, 외교 등 여러 측면에서 그 후유증을 앓을 수밖에 없을 것이다.

그런데 안타까운 것은 비단 현재 한국 정부만이 아니라 일부 언론과 적지 않은 국민들도 마치 스텔스 성능이 차세대 전투기의 핵심이며 F-X 3차 사업의 기종 선

현재 한국 정부는 차세대 전투기 기종선정에서 스텔스 성능에 과도한 의미를 부여하고 있는데,
이는 F-X 3차 사업 전체를 실패의 벼랑으로 밀어버리는 결과를 가져올까 염려된다.

정 기준이 되어야 한다고 믿고 있다는 점이다. 스텔스 기술의 과학적, 안보적, 산업적 실체에 대해 정확히 알고 있는지 묻고 따져봐야 할 필요성이 더욱 커지고 있는 것이다.

F-X 3차 차세대 전투기 도입사업이 한반도의 미래에 중차대한 의미를 지니는 만큼, 이러한 스텔스 기술에 대한 과도한 믿음과 그로 인한 잘못된 기종선정은 보이지 않게 막대한 피해를 가져올 것이다. 그러지 않기 위해서는 먼저 스텔스 기술에 대한 '미신'이 어디서부터 유래했는지를 살펴볼 필요가 있으며, 이어 그 장점과 한계를 정확하게 인식해야만 할 것이다. 이러한 연구결과에 근거하여 F-X 3차 사업의 기종 선정에 합리적인 대안 제시가 있어야 할 것이다.

1. 스텔스 기술에 대한 과도한 믿음

실패한 두 차례 F-X 사업의 교훈

F-X 3차 사업이 지니고 있는 중차대한 네 가지 측면이 앞서 진행된 F-X 1, 2차 사업에서는 과연 소기의 성과가 있었는지를 먼저 철저히 짚어볼 필요가 있다. 짧게는 30년, 길게는 40년 가까이 운용해야 될 차세대 전투기 도입 사업은 5년 임기의 대통령이나 한 정당의 문제가 아니라 5천만, 나아가서는 통일 한국의 8천만 민족과 대한민국의 안녕과 번영의 갈림길이 될 수 있는 중차대한 일이기 때문이다.

F-X 1, 2차 사업에서 들여온 F-15K는 "동북아 최고의 전투기"라는 수식어가 따라 붙지만 1970년대 말에 개발된 F-15계열의 전투기 가운데 F-15 Strike Eagle의 개량형으로서 위의 네 가지 항목 그 어느 것도 제대로 충족시켜주지 못하는 전투기임이 드러나고 있다. 한국은 구입만 했을 뿐 라이센스 생산이나 한국 현지 생산을 한 대도 하지를 못했다. 고장 수리도 우리 맘대로 하지 못한다. 그래서 일부 전문가들은 한국의 F-X 1, 2차 사업은 실패한 사업이라고 평가한다. 한국이 한미동맹의 틀 안에

갇혀서 제대로 판단을 내리지 못했고 미국과 보잉사에게 제대로 요구하고 받아내지 못했기 때문이라는 것이다.

과거를 되돌아보면서 같은 실수를 반복하지 말아야 함에도 불구하고 현재 한국 정부는 또 다시 같은 실수에 빠질 위험성이 높아 보인다. 다시 실수를 반복하고 있다는 가장 명백한 징후는 전투기의 스텔스 기술에 대한 과도한 믿음에서 찾아볼 수 있다. F-X 3차 사업 초기부터 '스텔스' 띄우기에 나섰던 청와대와 정부 관계자들만이 아니라 일부 언론 그리고 적지 않은 일반 국민들 역시 '스텔스'라는 단어에 현혹되어있는 것을 부인할 수 없는 사실이며, 이러한 스텔스에 대한 맹목적인 믿음은 이제 거의 미신이 되어버렸다고 해도 지나친 말이 아니다.

왜 스텔스에 집착하는가?

지난 정부의 한 청와대 관계자는 "스텔스 전투기를 갖고 있다는 사실만으로도 북한에 공포를 심어줄 수 있다"고 얘기했다고 한다. 이렇게 청와대와 일부 정치가들 그리고 일반인들이 갖고 있는 스텔스 기술에 대한 과도한 믿음은 일부 군사전문가들이 지적했듯이 미국 방산업자들의 논리에 휘말린 결과임에 틀림없다.

미국의 전투기 제조사들이 한국의 F-X 3차 사업에 공중전투나 무장 면에서 경쟁력 있는 전투기가 없자 뒤늦게 스텔스를 강조하고 있는 것이다. 스텔스 기술을 과대포장한 미국 방산업자들의 논리가 다른 나라보다 한국에서 더 잘 먹혀 들어간 배경에는 정부 당국의 저자세와 함께 한국 언론의 받아쓰기 그리고 '우스꽝스럽게도' 전투기와 스텔스를 다룬 세 편의 헐리우드 영화가 적지 않은 영향을 미쳤다는 점을 지적해 두고 싶다.

첫번째 영화는 톰 크루즈가 나온 영화 〈Top Gun〉(1986)이며, 두번째 영화는 많은 사람들이 보지는 않았지만 2005년에 출시된 〈스텔스〉이다. 그리고 세번째 영화는 유명한 액션스타 스티븐 시걸과 함께 F-117 스텔스 전투기가 나오는 〈Flight of Fury〉(2007, '블랙 스텔스'로 번역됨)이다.

우리는 스텔스라는 단어에 너무 현혹되어 있다. 스텔스 기술에 대한 과도한 믿음은
미국 방산업자들의 논리에 휘말린 결과임에 틀림없다. 미국의 전투기 제조사들이 한국의 F-X 3차 사업에
공중전투나 무장 면에서 경쟁력 있는 전투기가 없자 뒤늦게 스텔스를 강조하고 있는 것이다

겨울에 비행하는 유로파이터

　국방과 안보 주제를 다루는 글에서 영화 이야기를 하는 것을 이상하게 생각하는 이들이 있을 것이다. 하지만 이 세 편의 영화들은 스텔스 기술에 대한 잘못된 미신을 이해하는데 도움을 주며, 특히 현실과 허구를 구분하지 못하고 미국 방산업자들이 제공하는 논리를 그대로 따라가는 이들에게 경종을 울려주는 역할도 해줄 것이다.

　톰 크루즈의 영화에는 F-14 톰캣이 등장하며 조종사의 노련하면서도 과감한 조종술에 초점이 맞추어져 있어 스텔스와는 무관한 영화이다. 하지만 좌절을 딛고 일어서는 주인공을 보면서 관객들은 은연중 객관적 시각을 상실한 채 미국과 미국 전투기에 최강이라는 수식어를 붙이고 만다.

　두번째 영화는 포스터만 봐도 어떤 내용인지 쉽게 짐작이 간다. "탐색 불허, 추적 불가, 통제 불능, 상상을 초월하는 하이테크 액션이 온다! 스텔스" 어쩌면 이 카피는 스텔스라는 미신을 가장 정확하게 요약해 주고 있는지도 모른다. 인공지능을 갖춘 무인기가 주인공의 하나인 이 영화는 옛날에 자동차가 주인공으로 등장했던 〈전격 제로 작전〉의 속편인 셈이다.

세번째 영화는 스텔스 미신을 가장 성공적으로 유포시킨 영화로 꼽을 수 있다. 〈Flight of Fury〉를 보면 스텔스기인 F-117이 공중을 날다가 스위치를 누르자 전투기가 마치 연기처럼 그 자리에서 순식간에 사라졌다가 다시 버튼을 누르면 나타난다. 어린 아이들이라면 스텔스기란 이런 것이라고 곧이곧대로 믿을 수도 있을 정도로 실감이 나는 장면이다. 어린 아이들만이 아니라 웬만한 어른들도 믿을 정도로 정교하게 처리되어 있다.

특히 주인공에게 적군의 손에 넘어간 F-117을 되찾아 와야 한다는 임무가 주어지면서 마치 스텔스 기술이 오직 미국만이 개발할 수 있는 일급 기밀사항이라는 점을 강조하고 있다. 영화의 이러한 서사구조는 F-22 랩터를 그 어느 나라에도 수출하지 못하도록 금수 품목으로 묶어 둔 미국의 조치와 맞물려 스텔스 미신을 만드는데 적지 않게 공헌을 했다.

일부 정부 고위 인사들이 F-X 3차 사업 초기에 했던 말과 스텔스 기술 운운하며 거의 노골적으로 미국 전투기 편을 드는 모습을 보면 이들이 스티븐 시걸 주연의 영화에 나오는 스텔스기를 진짜 전투기인 줄로 여기는 것이 아닐까 하는 의심이 들 정도이다.

스텔스 미신을 믿는 두 부류의 사람들

스텔스 미신에 빠진 사람들은 두 부류로 구분할 수 있다. 첫번째 부류는 영화에서 스텔스 성능이 어느 정도 과장되었겠지만 전혀 터무니없는 이야기는 아니라고 믿는 사람들이다. 두번째 부류는 철저한 계산에서 스텔스 미신을 믿는 이들이다. 다시 말해, 이 두 번째 부류의 사람들은 실제로는 스텔스든 아니든 크게 개의치 않는 이들이

유로파이터 복좌기

며, 이들에게 중요한 것은 미국 전투기를 구입하는 것이다.

따라서 "스텔스 전투기를 갖고 있다는 사실만으로도 북한에 공포를 심어줄 수 있다"는 무책임한 발언을 하는 청와대 인사를 항공 지식에 어두운 순진한 사람이라고 봐서는 안 되는 것이다. 그러한 사람들 상당수는 미국 방산업자들의 논리에 휘말린 사람들이며 최근 공개되어 전 세계적으로 큰 이슈가 된 적이 있는 위키리크스 폭로 문건에서 보듯이 "뼈 속까지 친미, 친일인 사람들"이 아닌지 의심해봐야 하는 것이다.

또 한 가지 지적해야 할 것은 이들이 이렇게 공개적으로 스텔스를 강조하는 이유는 스텔스 기술을 오직 미국만이 보유한 기술이라고 생각하고 있기 때문이다. 따라서 우리는 과연 스텔스 성능이 이들이 믿는 것처럼 첨단 전투기의 기준이 될 정도로 획기적이며 오직 미국만 갖고 있는 기술인지 알아볼 필요가 있다.

나아가 세계 최강이라는 F-22가 왜 계속 고장을 일으키고 리비아 작전 같은 실전에는 단 한 번도 출격을 못 하고 있는지도 알아보아야 한다. 또 F-35는 왜 그토록 개발이 지연되고 있으며, 대당 가격도 처음 발표했던 것보다 두 배 이상 상승했는지, 호주와 캐나다는 물론이고 미 해군마저도 기다리다 지쳐 F-35 대신 보잉의 F/A-18 E/F 수퍼호넷을 구입해 전력 공백을 메우려 하는지 그 이유도 알아볼 필요가 있다.

아울러 보잉사는 인도와 일본의 F-X 사업에는 F/A-18 E/F 수퍼호넷을 제안하면서 유독 한국에만 시제기도 만들지 않고 설계상으로만 존재하는, '스텔스 도료를 칠한' F-15SE를 제안한 숨은 의도도 알아볼 필요가 있다.

2. 전투기에 적용된 스텔스 기술이란 무엇인가?

과도한 스텔스는 전투기 성능을 떨어뜨린다

전투기에 있어 스텔스 성능은 유용하며 필요한 것임에 틀림이 없다. 하지만 스텔스가 전투기의 성능을 좌우하는 절대적 조건은 아니다. 오히려 다른 성능과 조화를 이룰 때 그 빛을 발하는 것이지, 스텔스 성능 하나만으로 전투기가 최고의 성능을 발휘하는 것은 아니란 말이다.

스텔스 기술은 전투기 같은 항공기에만 적용되는 기술이 아니라 함정, 잠수함, 순항미사일 등에도 적용된다. 보잉의 팬텀 레이(Phantom Ray)나 영국의 타라니스(Taranis) 혹은 EADS의 바라쿠다(Barracuda) 같은 중대형 무인 폭격기들도 대부분 스텔스 기술을 적용하고 있다.

스텔스는 유용하고 필요한 기술이지만 설계, 개발, 생산, 보수유지에 엄청난 시간과 비용이 요구되는 기술이다. 나아가 스텔스 기술이 적용된 전투기들은 외부에 무장과 연료를 탑재할 수가 없어서 작전반경과 무장탑재량에 엄청난 제한을 받기도 한다.

예를 하나 들어보자. F-35는 공대공 미사일을 내부 무장창에 4발만 장착할 수 있다. 한국 공군이 요구하는 멀티롤(Multi-role) 전투기는 지상공격을 하기 위해 출격해서 공중에서 적기를 만나면 공중전을 치르기도 해야 하는데, 이 때 공대공 미사일을 사용해야 하며 공격을 마치고 기지로 귀환할 때 역시 다시 나머지 미사일을 사용해야 할 것이다. 그런데 기지로 귀환할 때 더 이상 사용할 공대공 미사일이 부족하면 어떤 상황이 벌어질 것인가?

더 이상 사용할 공대공 미사일이 없다거나, 한 발만 남아있는 상황을 가정해 보라! 조종 장갑을 끼고 G-슈트를 입은 조종사의 온 몸은 식은땀으로 범벅이 될 것이다. 액정화면을 보니 남아있는 공대공 미사일이 없거나 한두 발 남았을 것이기 때문이다. 연료는 공중급유를 통해 재충전이 가능하지만, 공중에서 무기를 받을 수는 없는 일이다.

과도한 스텔스가 무장 탑재량을 줄이고 생존력을 떨어뜨리는 자충수가 된 것이다. '먼저 보고 먼저 쐈다'고 가정해서, 탑재한 4발의 공대공 미사일이 운 좋게 적기 4대를 모두 격추시켰다고 해보자. 적기가 4대뿐일까? 오직 전방(前方)에서 방사되는 X/S-band에만 스텔스 성능이 발휘되는 F-35같은 제한적인 스텔스기라면 지대공 미사일은 어떻게 처리할 것인가? 적기의 적외선 추적에 대해서는 또 어떻게 대처해야 할까? 적의 공중조기경보통제기와 해상에 떠있는 이지스함의 스파이-1D 레이더 급의 대공망에 대해서는 어떻게 대응할 것인가?

호주의 군사전문가인 카를로 코프(Carlo Kopp) 박사는 F-35의 스텔스 성능은 F-22의 4분의 1 수준에 지나지 않는다고 지적한 적이 있다. 이것도 후하게 쳐줄 경우 그렇다는 것이다. 고작 이 정도의 제한적인 스텔스 성능을 위해 무장을 6분의 1로 줄여야 할까?

스텔스 기술에 치중한 전투기의 문제점

전투기에게 스텔스 기술은 분명 쓸모는 있지만, 다른 작전 요소와 성능을 희생시키면서까지 과도하게 스텔스에 치중할 경우 치명적인 문제가 발생할 수 있다. 다시 말해 스텔스는 과도기 기술이자 다른 요소들과 조화를 이룰 때 성능을 극대화할 수 있

▲ 2011년 리비아로 출격하는 유로파이터. 스텔스만으로 최고의 전투기가 되는 것은 아니다.
▼ UAE 두바이 상공의 유로파이터. 스텔스 기술은 분명 쓸모는 있지만, 다른 작전 요소와 성능을
희생시키면서까지 과도하게 스텔스에 치중할 경우 치명적인 문제가 발생할 수 있다.

영국 공군의 유로파이터. 스텔스는 전투기의 생존을 좌우하는 절대적 기준이 아니다.

영국 공군의 유로파이터의 편대 비행. 과도한 스텔스 적용은 무장 탑재량을 떨어뜨리는 자충수가 될 수 있다.

음에도 불구하고 미국은 RCS(radar cross section) 중심의 스텔스에 과도하게 중요성을 부여하는 치명적인 실수를 범한 것이다.

미래전은 갈수록 무인기가 자주 사용될 것이며, 나아가 공중조기경보통제기, 이지스함, 지상 레이더들, 그리고 편대를 이루어 함께 출격한 타 전투기들이 네트워크를 구성하며 전쟁을 치르게 될 것이다. 이런 미래전에서 스텔스는 결코 전투기의 생존성을 좌우하는 절대적인 기준이 될 수가 없다. 작전정보는 취합, 해석되어 다시 전송되며 수시로 업데이트된다. 데이터 퓨전(data fusion) 성능이 현대 전투기에서 갈수록 중요성을 갖는 이유가 여기에 있으며 같은 이유로 각 나라는 멀티롤 전투기의 4대 가격을 상회하는 고가의 공중조기경보통제기를 여러 대 도입하고 1조원이 넘는 이지스함을 운용하기도 한다.

미국의 실수를 일러주는 대표적인 예가 다름 아닌 바로 F-22 랩터다. 개발 당사국인 미국마저도 손을 들어버린 F-22는 다른 나라에 팔지도 않는다지만 작전에 투입된 적도 없다. 이러한 F-22의 치명적인 단점은 바로 과도한 스텔스 기술의 적용과 이에 따른 문제들, 그리고 비싼 가격인 것이다.

스텔스 기술은 계속 유지 보수해야 하며 송수신 시스템, 레이더 등을 적이 탐지할 수 없는 패시브 형태로 유지해야만 한다. 무장과 연료도 모두 내부에 장착해야만 한다. 다시 말해 스텔스 설계는 교체가 불가능할 뿐만 아니라 개발과 운용에 엄청난 비용과 시간이 소요되며, 무장은 물론이고 제한된 연료로 인해 작전반경도 희생해야만 한다.

F-15SE의 스텔스에 대해 F-35를 생산하는 록히드마틴 측이 코웃음을 치는 이유도 바로 여기에 있다. 처음부터 스텔스 설계가 되지 않은 기체는 스텔스 성능을 확보할 수가 없기 때문이다. 레이더파 흡수 물질인 램(RAM)을 도포해도 적외선과 수천 도에 달하는 엔진의 열까지 숨길 수는 없다. 게다가 송수신할 때 나오는 신호들은 거의 다 잡힌다. 이 모든 요소들을 고려하여 처음부터 기체를 설계해야만 스텔스 성능을 확보할 수 있다.

스텔스 기술의 치명적 한계 : 엄청난 개발비와 유지보수 비용

최초로 실전 배치된 스텔스 항공기는 전투기가 아니라 폭격기이다. 그 주인공이 바로 B-2 스피리트(Spirit)다. B-2 스텔스 폭격기 한 대 가격은 약 30억 달러. 이 가격은 전면적 스텔스 기능은 없지만 제한적으로 스텔스 기능을 갖춘 B-1B 폭격기 12대 가격에 해당한다. 스텔스 기능을 갖춘 차세대 공격형 헬기인 RAH-66 코만치(Comanche) 역시 예산 증가 문제로 개발을 중도에 포기해야만 했다. F-22의 가격 역시 4억 달러가 넘는다.

스텔스기는 왜 이렇게 비싼 것일까? 우선 설계에서부터 천문학적인 비용이 들어간다. 스텔스기는 RCS를 줄이기 위해 수직 꼬리날개가 없거나 경사를 준 특수 설계된 기체가 필요하다. 또 반사파를 다른 곳으로 보내기 위해서는 입사각과 반사각이 대칭이 되지 않도록 형상 설계를 기체의 체적을 줄이는 대신 기체를 넓게 펼쳐서 얇게 만들어만 한다. 따라서 항공역학적으로 기동성과 속도가 떨어지게 마련이며 상승고도에도 제한이 가해진다.

이를 극복하기 위해서는 스텔스기는 강력한 엔진과 많은 양의 연료를 탑재할 수 있어야 한다. 따라서 비 스텔스 항공기처럼 많은 무장을 탑재하기 위해서는 전체적으로 기체가 엄청나게 커져야만 하며, 이에 따라 자연히 연료소모가 많아져 작전반경이 줄어들 수밖에 없다. F-22가 거의 폭격기 수준의 크기를 갖추고 있는 것도 이 때문이다.

이런 이유로 세계 최강국인 미국조차도 전체 공중전력의 10% 미만만 스텔스기로 채우고 있을 정도다. 또 개발비를 줄이기 위해 단일 프로토타입에서 3개 기종의 F-35를 개발해 쓰려던 계획마저도 축소해야만 했다. F-22만이 아니라 F-35도 처음부터 잘못된 설계개념이 낳은 '난산아'인 것이다.

한 언론사의 국방전문기자의 분석을 잠시 읽어보자. "미 정부 예산회계국(GAO) 보고서에 따르면 2034년까지 계획된 F-35 생산을 하려면 같은 기간으로 계획된 공군 일반 전술기 구입 예산의 110%가 들어간다고 한다. 그래서 2009년 5월 미 의회 예

유로파이터에는 다양한 무장탑재가 가능하다.

산국 보고서(CBO 리포트) '미 공군기 현대화를 위한 대안'에는 '감축할 경우 모자라는 수량을 기존 전투기의 개량형으로 채울지 무인기로 채울지를 고민하는 상황'이라고 전했다. 스텔스 전투기를 개발하고 있는 러시아와 중국도 200여 대 정도의 생산을 구상한다. 전체 전력 1,500~2,000 대의 10~15 % 내외다." 이 국방전문기자는 결론을 맺으며 이런 이유로 미국은 현재 유인기들인 F-22와 F-35 대신 그보다 훨씬 저렴한 무인기를 6세대 전투기로 집중 개발하고 있다고 지적했다.(〈중앙선데이〉 2011년 5월 15일)

F-35, F-15SE는 진정한 의미의 스텔스기들이 아니다

컴퓨팅 설계와 램 도료 개발 덕분에 스텔스 기술이 향상된 것은 자연스러운 일이다. 그러나 램 도료는 기체 중량을 급격하게 불리는 역효과를 가져온다. 김정렬 국방과학연구소 책임연구원은 이런 문제점을 다음과 같이 설명한다. "추적, 사격 통제 레이더와 같은 높은 주파수(5GHz 이상) 대역에서는 흡수재의 두께가 수 밀리 이내에 해당되므로 RAM은 얇은 스킨 혹은 페인트 형태로 큰 문제없이 구현이 가능하다. 그러나 더 낮은 주파수의 경우 스텔스 성능을 갖기 위해서는 RAM의 두께가 너무 두꺼워져서 항공기의 무게나 부피를 감당할 수 없게 된다. 또한 큰 RAM 두께는 정비유지 측면에서 매우 어려울 뿐만 아니라 제작, 정비 비용도 고려해야 하는 문제점이 있다."(〈국방과 기술〉 2011년 9월)

이는 F-35와 F-15SE에 적용된 스텔스 수준을 잘 알려주고 있다. '스킨 혹은 페인트 형태'의 스텔스 처리는 낮은 주파수 대역의 레이더에는 대응할 수 없는 스텔스 처방으로서 하급 기술인 것이다. 따라서 위에서 언급했듯이, 섣불리 스텔스 기술을 도입했다가는 발목이 잡히고 마는 '자충수'가 되기 쉬운 것이다.

이런 이유로 F-35와 F-15SE는 스텔스 성능을 포기하고 언제든지 비 스텔스기로 출격할 수 있다고 스스로 모순되는 말들을 하고 있다. '먼저 보고 먼저 쏜다'는 작전 개념과 스텔스 성능 자체, 양자 모두를 스스로 부정하는 이 발언의 진정한 의미는 무

전쟁 발발시 전투기들은 단독 출격하지 않는다.

스텔스 잡는 전자망전투기 유로파이터 타이푼

네트워크를 구성하며 전쟁을 치룬다. 사진은 NATO AWACS와 합동 작전하는 유로파이터

엇인가? 두 전투기 모두 진정한 스텔스기가 아니라는 것을 우회적으로 고백하고 있는 것에 다름 아니다.

실제로 스텔스 분야의 전문가인 카를로 코프(Carlo Kopp) 박사는 F-22급 이상이 진정한 스텔스 기술이라고 말하면서, F-35를 도입하려는 호주 정부에 대해 여러 번에 걸쳐 강력하게 반대 의견을 제시한 바 있다. 한국의 〈중앙일보〉와의 인터뷰에서도 같은 의견을 개진한 바 있다(2011년 7월 23일).

물론 카를로 코프 박사의 말을 다 믿을 수는 없다. 스스로 말했듯이, "과학적 예측이 10년을 넘어가면 부정확할 가능성이 크다는 점이다. 20~30년 앞 예측은 도박에 가깝기" 때문이다. 그가 말하는 스텔스 성능은 "스텔스 레이저 센서의 발전"과 조화를 이룬 앞으로 개발되고 발전될 스텔스이다. 나아가 코프 박사는 무인기에 대해서는 언급을 하지 않았으며 무엇보다 스텔스 기술 적용 시 발생하는 엄청난 개발비와 유지보수비용에 대해서는 일언반구 말이 없다. 하지만 "코팅과 페인트 칠을 한" F-35와 F-15SE가 진정한 스텔스기가 아닌 것만은 확실하게 지적할 수 있다. "F-35는 후하게 봐서 F-22의 4분의 1에 불과한 스텔스 성능을 갖고 있을 뿐"이라는 코프 박사의 결론은 한국이 F-35를 도입했을 때 초래될 자충수적 상황을 예고하고 있다.

3. F-35, F-15SE, 유로파이터 타이푼의 스텔스 기술과 작전 성능 기여도

F-35

전쟁은 상대가 있는 게임이다. 스텔스를 과도하게 믿는 사람들의 논리에 따르면 한국이 스텔스기를 갖추어야 하는 이유는 북한의 대공망을 뚫고 들어가 전략 요충지들을 타격할 수 있는 전투기가 필요하기 때문이다. 맞는 말이다. 그러면 과연 F-35나 F-15SE가 북한의 대공망을 뚫을 수 있을까? 답은 '그렇지 않다' 이다.

공중 급유 받는 유로파이터 타이푼

북한은 몇 만문에 달하는 수동식 대공포들을 보유하고 있다. 하지만 실제로 위협이 되는 것은 레이더와 연계된 대공미사일인 S-300 계열로 이루어진 대공망이다. 북한은 현재 러시아가 개발한 IADS(Intergrated Air Defence System)의 주축을 이루는 SA-10C로도 불리는 개량형 대공미사일 P-300PM을 갖추고 있다.

〈조선일보〉의 "북한, 스텔스기 포착하는 레이더 실전배치"(2011년 1월 14일) 제하의 보도에 의하면, 북한은 S-300 계열의 대공미사일 이외에도 "러시아로부터 넘겨받은 레이더를 개량해 최근 사리원과 해주 인근에 배치했다. 이 레이더는 스텔스 전투기끼리 주고받는 교신을 이용해 위치와 속도를 잡아내는 것으로 알려졌다"고 한다.

북한이 보유한 S-300PM 계열의 미사일이 처음 공개된 것은 2010년 10월 10일 노동당 창설 65주년 기념식 때이며 이 미사일은 위의 기사에 등장한 레이더와 연동되어있다. 이제 북한은 스텔스라는 창을 막기 위해 러시아산 레이더와 미사일로 이루어진 방패를 갖춘 것이다.

질문을 하나 해보자. 과연 북한은 남한이 "스텔스 전투기를 갖고 있다는 사실만으로도 공포를" 느끼고 있을까? 어쩌면 공포를 느꼈는지도 모른다. 2010년 연평도 포격 사건 이후 미국의 항공모함 조지 워싱턴 호가 한국에 오고 F-22 전투기가 한국에 전개되었을 때 김정일은 잠시 지하 벙커로 몸을 숨겼다고 한다. 김정일은 그래서인지는 몰라도 스텔스 기술이 잘 구현된 전투기로 알려진 F-22도 탐지해낼 수 있는 대공 레이더망을 구축하고 이 레이더와 연동된 지대공 미사일인 S-300PM을 구입해 사리원과 해주 인근에 배치했다. 뿐만 아니라 북한은 플래어로 불리는 미사일 기만 섬광 장치를 회피하며 적기를 타격할 수 있는 중적외선 미사일을 구비해 F-15K도 종이호랑이로 만들어 놓았다고 한다.

잘 알려져 있듯이, F-22는 800대 이상 양산 계획이 잡혀 있다가 여러 번에 걸쳐 축소된 끝에 현재는 187대로 생산이 종료된 기종이다. 산소 공급 장치에 이상이 생기고 소프트웨어에 이상이 생겨 추락하기도 했으며 리비아 작전에는 출격 한 번 해보지도 못하는 등 문제점이 많은 기종이다. 그리고 이제 F-22는 쉽게 말해 단종된 기종인 것이다. 게다가 수출금지 품목이기도 해서 일본마저도 미 의회를 통해 끈질긴 설득을 했지만 결국은 단념하고 말았다. 그러니까 청와대와 정부 관계자들 그리고 일부 언론과 일반국민들이 거론하는 스텔스기는 F-22가 아니라 그 보다 훨씬 못한 F-35를 두고 하는 말이다.

그러면 과연 F-35의 스텔스 기술이 "갖고 있는 것만으로도 북한의 최고지도자를 오금을 저리게 할 정도로" 그토록 완벽한 것일까? F-35는 과연 공중에 뜨지 않고 활주로나 격납고에 넣어두기만 해도 "북한에 공포를 심어줄 수 있을" 정도로 완벽한 스텔스기일까? F-35는 이제 막 마하 1.1의 속도를 내기 시작한 최대 설계 속도 마하 1.6의 저성능 전투기이다. 전 세계 차세대 전투기의 제원표를 펼쳐놓고 비교를 해보면 F-35가 어떤 기종인지는 쉽게 알 수 있다.

유럽에서는 이런 이유로 공격기로 부르며 'F'자 대신 35앞에 'A'자를 붙이곤 한다. 실제로 F-35가 대체할 기종 중에는 공격기인 A-10이 포함되어있다. 현재 북한

▲▼ 유로파이터 편대 비행

은 F-35 보다 2배나 빠른 F-22도 탐지해내는 레이더와 지대공 미사일을 갖추고 있고 따라서 만일 한국이 스텔스라는 미명 하에 F-35를 도입한다면 북한의 최고지도자들은 두 다리 쭉 펴고 미소를 지을 것이다.

이는 단순한 농담이 아니다. F-35에 스텔스 기술이 적용되지 않았다는 주장을 하자는 것도 아니며 F-35가 형편없는 전투기라는 주장을 하자는 것도 아니다. 사실을 있는 그대로 정확하고 객관적으로 보자는 것이다.

F-35의 스텔스 성능은 F-22와 비교가 되지 않을 정도로 성능이 제한적이어서 북한이 전혀 겁을 먹을 전투기가 아니라는 것이다. 호주의 카를로 코프 박사는 F-35와 러시아의 비 스텔스기인 Su-35를 비교한 보고서를 통해 조금 과장하면 F-35는 절대로 구입해서는 안될 실패한 전투기로 지목한 바 있다. (이를 입증하기 위해 코프 박사는 4대의 F-35A와 4대의 Su-35를 대결시켰다. Detect-Identify-Engage-Disengage-Destroy 등 5개 항목별로 실시된 결과는 F-35A의 참패로 나타났다.)

그런데 왜 한국은 그토록 F-35를 스텔스기라고 추켜올리고 있는 것인가? 게다가 잘 알려져 있듯이, F-35는 아직 개발도 끝나지 않은 전투기 아닌가? 이제 겨우 전체 테스트 일정 중 30% 정도만이 완료된 F-35는 개발 지연과 비용 상승으로 인해 미 의회에서 프로그램 전체를 포기해야 한다는 말이 나오기도 했고, 누가 미국 대통령이 되어도 건드리기 어렵게 되었다고 한다. 몇 년 전부터 많은 항공우주 전문잡지들은 F-35 개발지연과 상상을 초월하는 가격 상승 기사가 끊이지 않고 나오고 있다.

F-35 JSF 프로그램에 참여했던 캐나다와 호주 등은 인도시기를 맞출 수 없는 F-35 대신 보잉의 F/A-18 E/F 수퍼 호넷 도입을 검토하거나 물량 축소 또는 도입 시기를 연기하고 있다. 미 해군과 공군도 F-35의 인도 지연에 대비해 수퍼 호넷을 구입하거나 F-16을 업그레이드해서 쓰기로 했다. 궁지에 몰린 록히드 마틴은 미국과의 정치, 외교적 관계를 내세워 한국을 비롯해 아시아와 중동의 국가들에게 F-35를 판매하려 하고 있다.

F-35는 F-22의 4분의 1 수준의 스텔스 성능만을 지니고 있을 뿐이며, 오직 X/S-band에서만 스텔스 성능을 발휘한다. 그러면서도 이 제한적인 스텔스를 위해 단 4

발의 공대공 미사일과 두 발의 공대지 폭탄만을 탑재할 수 있을 뿐이다. 결론부터 말하면 F-35는 스텔스기가 아니며 잘못 구입했다가는 "갖고 있는 것만으로도 북한에 겁을 주는 것"이 아니라 "갖고 있는 것만으로도 북한을 도와주는" 전투기가 될 것이다.

이 제한된 F-35의 무장능력과 스텔스 성능으로 인하여 2011년 서울 에어쇼(2011 ADEX)에 참가한 유로파이터 타이푼 시험비행 조종사 카를로스 피닐라(Carlos Pinilla)는 한국의 한 텔레비전과의 인터뷰에서 다음과 같이 자신 있게 유로파이터 타이푼의 우수성을 밝힐 수가 있었다. "4대의 F-35가 공격을 하고 8대의 유로파이터가 방어를 하는 시뮬레이션과, 반대로 4대의 유로파이터가 공격을 하고 8대의 F-35가 방어를 하는 시뮬레이션에서 유로파이터는 모두 승리를 거두었다."

한국은 JSF로도 불리는 F-35 프로그램에 일체 참여하지 않았으며 따라서 설령 F-35가 록히드 마틴이 말하는 것처럼 제때에 시험이 끝나 양산이 개시되어도 9개국에 먼저 인도가 된 다음에나 받을 수 있다. 그 해가 언제인지는 누구도 정확하게 알 수가 없다. 미 회계감사국(GAO)이 2012년 6월에 미국 의회에 제출한 자료에서는 F-35 양산이 2019년에나 가능할 것으로 내다보고 있다. 그러나 이제 겨우 전체 테스트 일정 중 30%만이 끝났다고 하니 지금까지 있었던 온갖 자질구레한 결함들을 고려하면 2019년도 양산조차 장담할 수 없다는 의견이 많다.

미국 일변도의 외교 정책은 한국에게 도움이 될 때만 가치를 지닌다. 다시 말해 한국이 잘못된 전술, 전략 개념에 입각해 설계된 미국 전투기를 구입하는 것이 미국과의 올바른 외교는 결코 아닌 것이다.

F-15SE

F-15K가 동북아 최강 전투기인지는 몰라도 F-15SE는 스텔스기가 아니다. 이것은 보잉사 스스로도 인정한 사실이다. 그리고 70년대에 실전 배치된 F-15 기체에 내부 무장창을 달고 스텔스 도료를 칠해서 스텔스 성능을 발휘할 수 있는 전투기가 될

F-35는 F-22의 4분의 1 수준의 스텔스 성능을 지니고 있을 뿐이며, 오직 X/S-band에서만 스텔스 성능을
발휘한다. 사진은 공대공 임무를 수행하는 유로파이터.

미티어 미사일을 장착한 유로파이터. 유로파이터는 무장장착점이 13개로 다양한 무장의 탑재가 가능하다.
하지만 F-35는 스텔스를 위해 단 4발의 공대공 미사일 또는 공대공 두발과,
두 발의 공대지 폭탄만을 탑재할 수 있다.

아부다비 상공을 비행 중인 영국 공군의 유로파이터

수 있다면 현재 생산되고 있는 전투기들은 모두 스텔스기로 전환될 수 있다는 이야기나 마찬가지다. 그것이 가능하다면 미국은 왜 F-22나 F-35같은 새로운 전투기들을 개발했단 말인가?

한국이 들여온 보잉의 F-15K는 하자가 많아서 과연 출격해도 되는 것이냐며 언론에서 묻고 있다(CBS 2012년 9월 24일). 특히 하자 가운데 절반 이상이 항전계통의 전자전 시스템 문제여서 갈수록 데이터 퓨전의 정보전으로 치닫고 있는 현대 전장에서 심각한 장애가 될 것임을 시사하고 있다.

이러한 F-15K에 내부 무장창을 개조해서 달고, 스텔스 도료를 칠한 F-15SE는 더욱 심각한 하자가 발생할 수밖에 없을 것이라고 일부 항공전문가들을 얘기하고 있다. 보잉은 오직 한국에게만 F-15SE를 제안했을 뿐이다. 한국보다 먼저 차세대 전투기

C-130과 함께 비행 중인 오스트리아 공군의 유로파이터

도입사업을 추진하던 일본에게도, 인도에게도 보잉은 F-15SE를 제안하지 않았다.

만일 F-15SE를 도입할 때 발생할 또 다른 문제는 부품조달일 것이다. 왜냐하면 한국에 팔고 나서는 더 이상 F-15SE 생산공장을 가동하지 않을 확률이 크기 때문이다. 한국은 2050년까지 써야 하는데 F-15 공장은 길어야 2020년까지만 돌아갈 것 아닌가! 그러면서도 우리 국민들의 세금으로 산 것인데 손도 못 대게하고 있다(《연합뉴스》 2011년 10월 31일). 대체 이런 횡포가 어디 있는가?

F-15K의 부품조달 문제는 참으로 심각한 지경에 이르렀다. 2010년 국정감사에서 지적되었듯이, 당시에는 도입도 채 끝나지 않은 F-15K임에도 불구하고 "최신예 전투기 F-15K의 부품 돌려 막기가 도마 위에 올랐다"는 보도가 나온 적이 있다. 송영선 당시 의원은 도입 5년 밖에 안 된 F-15K의 부품 동류전용(돌려막기)이 2007년 203

개 품목에서 2008년 350품목으로 42% 증가했고 지난해에는 418품목으로 전년 대비 17% 증가했다"고 밝혔다.

송 의원은 F-15K보다 일찍 도입된 기종은 동류전용이 줄어들고 있는데, 신형 기종인 F-15K의 동류전용이 증가하는 것은 심각한 문제라고 지적했다. KF-16의 부품 돌려막기는 2007년 957품목, 2008년 330품목, 2009년 198품목으로 감소 추세에 있다. 송 의원은 유사시에 대비해 확보해야 할 F-15K와 KF-16 전투기의 '전투긴요 수리부속'도 기본적인 수량조차 확보하지 못해 전력공백이 우려된다고 지적했다. 전투긴요 수리부속은 전투기 가동 시 결함이나 고장이 자주 발생하는 품목으로, 유사시에 대비해 필수적으로 확보해야 한다.

F-15K가 이러한데 한국에만 제안된 F-15SE를 구입한다면 한국은 상상을 초월하는 돈을 주고 부품을 구입해야만 하거나 돈을 주고도 구입하지 못하는 사태를 맞게 될 확률이 매우 높다고 말할 수밖에 없다.

유로파이터 타이푼

스텔스 기술에는 여러 종류가 있다. 유로파이터 타이푼은 전투기에 적용되는 다양한 스텔스 기술들 중에서 RCS(레이더파 반사 단면적) 축소라는 개념에 최우선 순위를 두고 개발된 전투기와는 다른 개념의 스텔스 성능을 갖고 있는 전투기이다.

스텔스 기술에는 RCS 축소, 적외선 저감, 은밀형 패시브 송수신 시스템, 패시브 레이더 시스템 등 다양한 요소들이 포함되어 있다. 또 스텔스 기술에는 기체 형상 설계, 레이더파 흡수 물질 도포, 레이더파를 난반사시키는 코팅 처리, 고열의 배기열 저감 및 은닉 장치, 적외선 피탐지율 저감 장치 등 다양한 방법이 사용되며, 엄청난 비행 소음을 줄이고 육안으로 식별이 어려운 무연 엔진을 사용하는 것도 빼놓을 수 없는 중요한 스텔스 전략 중의 하나다.

유로파이터 타이푼은 레이더파를 가장 많이 반사하는 공기흡입구, 조종석 전면 부위, 고열의 엔진 배기 부위, 외부 무장창 등에 형상 설계와 램 도료 도포 등을 통해

공중 급유

아부다비 상공의 유로파이터.
타이푼은 높은 생존성을 보장한다.

RCS를 줄였다. 예를 들면 동체 밑 부분에 장착되는 공대공 미사일은 반삽입식 시스템을 채택하고 있다. 또한 유로파이터 타이푼은 최신의 Captor-E AESA 패시브 레이더와 데이터 링크 시스템을 통해 송수신 시 방출되는 거의 모든 탐지요소들을 제거시킨 전투기이다. 특히 경쟁하는 3개 기종 중 오직 유로파이터 타이푼만이 갖추고 있는 재연소 없이 초음속 순항과 고기동이 가능한 첨단 수퍼크루즈(Supercruise) 기술은 엔진에서 방출되는 적외선파와 레이더 탐지파를 줄이는데 큰 기여를 하고 있다.

유로파이터 타이푼은 동시에 가장 앞선 첨단의 자체 방어 시스템을 통해 적의 미사일을 사전에 탐지, 대응하는 적극적 개념의 작전을 위해 제작된 기종으로서 어떠한 적의 위협에서도 가장 높은 생존성을 보장한다. 유로파이터 타이푼은 동체 전후방 모두에 미사일 경고 시스템을 장착하고 있다.

마하 2급의 속도, 마하 4급의 미티어 미사일, 최신의 AESA 레이더와 센서 퓨전을 통한 전자전 시스템, 전후방에 설치된 미사일 경고 장치 등은 유로파이터 타이푼의 균형잡힌 전투기 개념을 잘 보여주는 시스템들이다. 한 가지 덧붙이자면, 유로파이터 타이푼에는 이번에 제안된 기종 중 유일하게 사출식 견인 미사일 기만 장치(Towed Decoy System)가 탑재되어 있다. 참고로 러시아의 최신 전투기로 흔히 서방 전투기의 성능 테스트 시 가상 적기로 인용되곤 하는 러시아의 Su-35에도 이 미사일 기만 장치인 Towed Decoy System이 장착되어있다.

맺음말

전투기의 생존성을 확보해 주는 다양한 스텔스 기술들 중에서 RCS에 최우선순위를 둔 전투기는 스텔스 성능을 유지하기 위해 무장과 연료 탑재에 거의 치명적이라고 할 정도의 제한을 받는다. F-35의 경우 무장이 6분의 1 수준으로 줄어든다. 외부에 무장을 하거나 보조 연료통을 달면 그 때부터 스텔스 성능이 사라지기 때문이다.

반면 균형잡힌 전투기는 전투기 본연의 성능들인 무장과 기동성을 희생하지 않으면서도 다양한 스텔스 기술들을 활용하여 생존성을 극대화시킨 전투기를 말한다. 스

▲▼ 독일 공군의 유로파이터 시뮬레이션과 훈련 모습

독일 공군의 긴급출격훈련. 미래전은 스텔스기들만의 독무대가 되지는 않을 것이다.

육·해·공군의 무기체계들이 통합관리되는 네트워크전이 될 것이다.
오스트리아 공군의 긴급출격훈련

텔스 기술을 말할 때 또 한 가지 지적되어야 할 사실은 스텔스가 미래로 갈수록 더욱 더 작전 효용성이 떨어지는 제한적인 기술이 될 것이라는 점이다. 미래전이 갈수록 무인기와 전자전 시스템을 통해 네크워크화 되어가기 때문이고 이러한 상황에서는 스텔스기 탐지는 어려운 일이 아니게 된다.

그러면 미국이나 러시아 혹은 중국 같은 나라에서는 왜 스텔스 전투기를 개발하고 있을까라는 의문을 갖게 된다. 이들 국가들이 스텔스 전투기의 한계를 잘 알면서도 스텔스 전투기를 제작하는 것은 전시에 스텔스 전투기들만 출격하는 것이 아니라, 비 스텔스 전투기들의 도움을 받아가며 함께 작전에 임하게 함으로써 상황에 따라 적절하게 사용할 수 있기 때문이다. 다시 말해, 공중급유기, 공중조기경보기 같은 지원기들은 물론이고, 고기동성과 엄청난 무장을 탑재한 비 스텔스기들과 함께 출격할 때 스텔스기들은 이들 지원기와 비 스텔스기들과의 상호 도움을 주고받으며 작전에 임하는 것이다.

미국이 최근 20년 동안 수행한 여러 작전을 보면 아무리 스텔스기라고 해도 토마호크 같은 순항 미사일 등으로 적의 대공망을 무력화시킨 다음에 작전에 투입된다. 스텔스기라고 해도 탐지가 되며 부족한 무장과 연료로 인해 치명적인 피해를 당할 수도 있기 때문이다.

스텔스는 기술 자체로는 훌륭한 것이지만 상상을 초월하는 개발 및 운용비가 들어가는 아주 비싼 기술이다. 이러한 단점으로 인해 미국이나 러시아 혹은 중국 같은 강대국들도 전체 공군 전력의 10% 남짓한 정도만 스텔스기로 채우고 있다. 예를 들면, B-2 폭격기는 대당 가격이 거의 30억 달러 정도 한다. 그래서 미국도 일찍이 포기했고, 최강의 스텔스기로 알려진 F-22도 800대 이상의 양산 계획을 접고 187대만 주문하고 생산이 종료되었다. 러시아와 인도도 공동으로 스텔스기를 개발 하고 있고 그 양산 대수는 두 나라가 각각 500대씩 총 천 대라고 하면서 수출도 염두에 두고 있다고 한다. 하지만 이 수치는 계획일 뿐 F-22의 전철을 밟지 말라는 법은 없다.

미국은 왜 F-22를 포기했을까? 그리고 대신 택한 대안은 무엇일까? 산소공급장치와 구형 소프트웨어, 소스코드 문제 등은 지엽적인 문제들이다. 미국이 F-22를 포기

▲▼ 사우디 공군의 유로파이터. 유로파이터는 2013년 5월 현재 7개국으로부터 719대를 주문받아 350여대가 인도됐다.

한 주된 이유는 스텔스 성능의 전략적 문제점 때문이다. 그래서 미국은 현재 기존 전투기들을 계속 생산하는 쪽으로 전략을 선회하면서 대신 6세대로 불리는 무인 스텔스기들을 서둘러 개발, 제작하고 있다.

무인기는 이제 정찰임무 정도가 아니라 폭격기 역할까지 수행할 수 있을 정도로 기술이 발전을 했다. 스텔스기는 유·무인기 혼용시대를 지나 무인기가 대세를 이룰 미래전에서는 예상과는 달리 제한적인 역할밖에는 못한다는 결론이 나온 것이다.

게다가 한국도 도입한 E-737등의 공중조기경보기의 메사(MESA) 레이더나 이지스함의 전방위 레이더 스파이-1D는 스텔스기마저도 거의 완벽하게 잡아낸다. 예를 들면 한국해군의 이지스함인 세종대왕함에는 500여개의 CPU가 탑재된 슈퍼컴퓨터가 탑재되었으며 최대 1,000Km 밖에 있는 적 목표물 900개를 찾아내 동시에 추적할 수 있다.

다시 말해 미래전은 스텔스기들만 공중에 떠서 전쟁을 하는 환경이 아니라 육·해·공군의 전략, 전술 정보들이 통합 관리되는 네트워크전 양상을 띠게 되는 것이다. 이러한 상황에서 조종사 손실이라는 위험과 높은 개발비용이 드는 유인기 대신에 무인기가 전장을 주도하게 될 것이다. 또한 플랫폼 하나하나의 개별능력보다는 네트워크라는 망 기반의 데이터 통합 능력쪽에 더 많은 비중이 실릴 것이며, 이미 그런 방향으로 전개되고 있다. 아울러 인권문제로 인해 민간인 살상을 최소화해야 하기에 초정밀 유도가 가능한 이른바 '스마트 폭탄'의 비중이 더욱 커질 것이다.

모든 무기체계에는 '창과 방패'의 원리가 존재한다. 스텔스도 마찬가지여서 대 스텔스 장비와 시스템들이 속속 개발되고 있다. 램(RAM 레이더파 흡수 물질)을 바를 경우 저주파 대역에서도 스텔스 성능을 유지하기 위해서는 거의 몇 cm 두께로 기체 전면에 도포를 해야 하는데, 비용도 문제이지만 전투기의 부피와 무게가 감당할 수 없는 수준에 이르고 만다. 자연히 램은 얇게 발라야 한다. 따라서 램 대신 흔히 스텔스 전문가들 사이에는 스킨(skin)으로 불리는 코팅으로 대신하는 추세이다. 그러나 이 코팅처리는 스크래치가 자주 발생해 골칫덩어리로 전락한지 이미 오래다.

유로파이터 타이푼은 이미 719대의 주문을 받아 350여대가 인도되어 실전 배치된

야간 출격을 준비하는 유로파이터

유일한 차세대 전투기이다. 최적의 통합 스텔스 성능을 기체 곳곳에 적용한 균형 잡힌 설계로 제작된 전투기로, 비용대비 효과, 고기동성, F-22와 동급의 뛰어난 무장탑재라는 전투기 본연의 성능, 재연소 없이 초음속 순항과 고기동이 가능한 수퍼크루즈 성능 등 타의 추종을 불허하는 전투기인 것이다.

최근 유로파이터 타이푼은 여기에 더해 추력편향 기술까지 완성해 한국에 트렌치 3를 제안했다. 기동성이 한층 강화되었고 추력도 향상된 것이다. 고기동성은 전투기가 순간선회를 통해 적기의 후미에 붙는 기동을 가능하게 한다. 이를 'Tail-Chase'라고도 부르는데, 순간 가속을 가능하게 하는 수퍼크루즈 성능이 없을 경우 러시아의 Su-35와 중국 등지에 수출된 파생형 전투기들을 당할 수가 없다.

200km 밖에서 수십 개의 목표물을 동시 탐지, 추격, 타격할 수 있는 현존 최대 광각 200도의 AESA 레이더, 그리고 사거리 100km 이상에 마하 4급의 미티어 미사일을 장착한 종합 스텔스기인 유로파이터 타이푼을 당할 전투기는 당분간 지구상에는 없을 것이다. 이런 이유로 유로파이터 타이푼은 700대가 넘는 주문을 받았으며 차세대 전투기 국제시장에서 더욱 경쟁력 있는 기종으로 거듭나고 있다.

유로파이터 타이푼은 스텔스 기술마저도 소스코드와 함께 한국에 이전하겠다고 했고 나아가 무인기 시스템도 제공하겠다고 절충교역을 제안했다. 여기에 유로파이터의 한국 내 생산도 제안했고 KFX 사업에도 참여할 뜻을 밝혔다. 긴장이 높아가고 있는 동북아시아 미래 전장과, 경쟁이 치열해지고 있는 항공우주산업을 한국과 함께 준비하고 발전시켜 평화와 번영을 함께 이어나가자는 제안인 것이다.